植物随想

花月記《はなげっき》

NISHIKAWA Osamu
西川 修

文芸社

目次

植物随想

花月記《はなげっき》

花月記　七月

牧野富太郎氏は、世界に比類のない傑出した植物分類学者である。

一八六二年（文久二年）高知県佐川の大きな酒造家に生まれた牧野氏は、生来植物が好きで好きでたまらず、学校にはほとんど行かなかったが、ひたすら独学で植物を研究した。採集した標本は、当時函館にいたロシアの植物学者マキシモヴィッチに送って名称の教示を受け、必要な外国語も次々と習得していった。「植物図誌」の出版を計画すると自ら描画するのはもちろん、これを石版にするため石版屋に通って自らその技術を覚え、ついに自分で印刷ができるまでに腕を上げた。

全く植物唯一筋の徹底した生活で、二十二歳で二度目の上京をすると東京大学の植物学教室に出入りし、また農科大学にも行って研鑽を続けたが、そのうち郷里佐川の財産を研究や生活の費《つい》えに使い果たし、東京大学の助手として働くことになった。

その時の月給は僅か十五円。ところが出費の方は、次々と十三人もできた子供達の養育費や多額の研究費などで嵩み、住居もたくさんの標本を置くためには特別広い家が必要であった。後から後からとできる借財に壽衛《すえ》夫人はついに決心し、別居して待合い料理屋を始める。これは夫人の経営よろしきを得て次第に盛大となり、家計を補うことができた。

ところが、大学の先生でいながら家では待合いなどをやっている、という非難がたちまち流れ始めた。牧野氏の業績を嫉視するものがあったのである。結局、料理屋を廃業して家を処分し、それで得たいくらかのまとまった金で買ったのが東京郊外大泉の七百坪の土地で、ここが牧野氏の終焉の地ともなった。初め夫人がこの地を選んで牧野氏を案内し検分してもらった時、あまりにも広いので牧野氏が驚いていたところ夫人は、「これでもまだ狭過ぎると思っているのだが仕方がない。標本館を建て、また各地から採集した植物を移植して植物園とするにはまだ土地が欲しい」と答えたという。牧野氏の心中も、もちろんそうだったろう。実に偉い夫人だと思う。

この夫人は名家の出であるが、没落して菓子屋をしていた時、甘い物に目のない牧野氏が毎日のように菓子を買いに来て、見初めたというのは微笑ましい。

私が今住んでいるのは病院の三階である。南の窓を開いて眼を放てば眉山である。

眉のごと雲居に見ゆる阿波の山かけてこぐ舟泊まり知らずも　船王《ふなのおおきみ》

と万葉の歌人が詠んだ眉の山はこれだという。

同じ窓から下を見ると小さな中庭である。広さ七十坪ばかり。三年前、病院ができた時は、何もない殺風景な空地であったが、だんだんと植木が殖え、どうやら庭の体裁を備えてきた。庭作りに一生懸命になっているYさんの丹精の結果である。次々と花をつける庭の木や草。名を知らぬものも多いが、それを調べあげて正体を明らかにするのもまた楽しみだ。これには植物図鑑がすこぶる役に立つ。皇紀二千六百年（一九四〇年）記念のために牧野富太郎氏が心血を注いだ『牧野日本植物図鑑』が私の愛用書で、頒布番号８６３１号とナンバーを打った初版本である。では、牧野氏に導かれて些か花の系譜を訪ねてみようか。

アジサイ

アジサイは、今年（一九六二年）は七月八日に咲き終わった。近所の家の庭などには、まだ時を得顔に咲いているのがたくさんあるが、病院のアジサイは梅雨が上がるのと一緒に俄かに姿を消してしまう。極めて正直である。
梅雨の訪れる少し前から花をつけ始めて、はじめはまず淡い緑に、梅雨に入ると共に次第に美しい藍や、薄紫に色が変わり、終わりの頃には淡紅色に変わる。その花色の変化は眺めていて楽しいものだ。
図鑑で調べるとこの花の学名は、
　Hydrangea macrophylla Seringe var. Otakusa Makino
であるが、江戸時代の終わり頃、日本の植物を収集記載して学名を付したシーボルト及びツッカリーニの『日本植物誌』によると、H. Otakusa, Sieb. et Zucc. であった。つまりヒドランゲア属の中のオタクサという種であることを示している。

植物分類学の権威、牧野富太郎氏はこのオタクサの意味の解釈に随分悩んだらしい。オタクサとは何か、なぜにオタクサという名が付けられたのか。日本語でこの当時、アジサイをオタクサとか、またはこれと似た名で呼んでいたのであろうか。ご承知のようにシーボルトは長崎の出島蘭館の医官として来日し、かのシーボルト事件で国外追放になるまで、約六年間長崎に住んでいたのであるから、あの付近の方言でアジサイをオタクサと言っていた事実があって、それに因んで彼がこの学名を作ったのではないか。こんな考え方で、長崎及び広く九州地方のこの花の呼び方を探してみたが、そういう名はどこにもなかったのである。明治の末年頃、牧野氏は「このOtakusaは一の和名に基ずきて名付けしという。然れども、予の寡聞なる未だアジサイにこの如き和名あるを知らざるなり」と、その由来の分からない旨を記している。

その後、どんな順序で調査されたのか知らないが、結局これはシーボルトが日本滞在中に親しんだ丸山の遊女其扇《そのぎ》の本名、楠本お滝の名を記念するために付けたのだということが分かった。これを知って牧野氏は「シーボルトはアジサイの和名を勝手に変更し、わが閨で目尻を下げた女郎のお滝の名をこれに用いて、大いにこの花の神聖を潰した。脂ぎった醜い淫売婦と、艶麗な無垢のアジサイ、この清浄な花はとこしえに糞汁に汚されてしまった。ああ可哀相なるアジサイよ」と激しくシーボルトを非難している。

しかし、シーボルトの無作法を無下にとがめるのも少々酷ではなかろうか。南ドイツ、ビュルツブルグ生まれの、この多才で博学な医師が長崎に来たのは一八二三年（文政六年）二十八歳の時であったから、その滞在数年の間に日本の美しい女性を愛したのも自然なことであったろう。またお滝の出自が娼家であったのも、厳しい行動の制限があって、良家の子女との交際は許されるべくもなかった当時のシーボルトにとっては、やむをえぬ所であったろう。実際シーボルトの盛名を聞いて、日本各地から、高野長英、高良斎をはじめ幾多の俊秀が長崎に集まってきたが、鳴滝学舎を作り、そこにシーボルトを迎えて教えを受けることができたのは、長崎奉行の非常な努力と幕府の破格な取扱いによるものであって、通常は蘭館の住人にとって、出島以外に出たり、日本人と交際したりすることは極めて困難なことであったのだ。

そういう中で可憐な一日本女性を得て、可愛い女の子までできたのであるから——

この子の名はお稲というそうだ——本国に帰った後に、その思い出のために日本原産の花のうち、最も清麗なものを選んで、永くその名を残そうとしたのは、あながち非難できないように思う。また、彼女自身雨に濡れて少しずつ色を増すアジサイに似た清麗な女性であったのではなかろうか。

学界で新しく発見した物に命名する時、それに関係ある人や、あるいは身近な人の名を記念につけることは昔から盛んで、その例は全く枚挙に暇もないくらいだ。大正時代に盛名のあった女流小説家三宅やす子の夫君で、すぐれた昆虫分類学者であった三宅恒方氏が、亡くなった愛息恒雄君の追憶のために、ツネオニスと名付けたのはミカンバエの一種であった。

天文学者の間でも、ある時代、無闇に新しい星座を作っては新しい名前を付けることが流行し、星座の数が二百余にもなったことがあるという。その頃、自分の家の飼い猫の名前を付けた星座を新設して猫の昇天を試みた学者もあったというが、これはちょっとひどい。その後こういう濫造星座は全部整理されてしまった。

先日の新聞に、北アルプスでは観光開発が進み登山者が増えるにつれて高山植物が次第に少なくなっていくのを訴える記事が載っていた。その中で、かつて立山に登った牧野富太郎博士が地面に這いつくばって「名付け親が来たぞ」と花に頬ずりしたというチョウノスケソウも皆目見当たらなくなったことが、富山県生物学会会長の談話として記されている。

このチョウノスケソウの命名の由来は、シーボルトの愛人とは比較にならないゆかしいものである。チョウノスケは人の名である。須川長之助、陸中（岩手県）の農夫であったが、明治維新前後に当時函館にいたロシアの植物学者マキシモヴィッチに雇われ、至って質朴な性質で、下男として忠実に主人に仕えた。その後マキシモヴィッチは彼に命じて植物の採集のため日本各地を巡らせた。その時、越中の立山で彼がこの植物を採集、これが日本で発見された最初であった。この植物は北半球の北方の山地に広く分布していて、

チョウノスケソウ

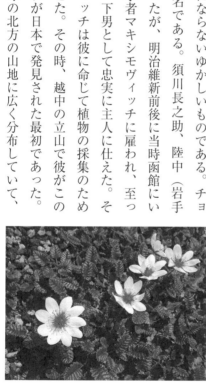

ナラに似た葉を地面一杯に敷き、その葉の間から花梗を抜きだし、車のように開いた八枚の花弁のある白い花を一面につけて、はなはだ美しいものだそうだ。牧野氏はこの長之助が採集した標品の控えの帳面を調べている内に、これを発見して、日本にもあったのかと喜んで、記念のため彼の名を取って長之助草と名付けたという。日本では立山、信州の八ヶ岳などにあると書いてあるが、それも一九二五年頃の話だから、今はもう絶滅に近づいているのであろうか。朴実な農夫の名を冠した美しい高山植物、牧野氏の温かい気持ちが流露しているではないか。

牧野氏が命名した植物は何千種あるのであろうか。その中には、人名を冠したものもおびただしい数であろう。しかし、その中で最も人の心を打つものはスエコザサの命名であろう。

牧野氏の徹底した性格はまた、世間の人と相容れないのもやむを得ない。素晴らしい業績を挙げながらも認められることは少なく、むしろ事ごとに妨害を受ける有様で、給料はいつになっても据え置き、生活の困窮はいよいよ甚だしく、借財が嵩むのを如何ともすることができなかった。その窮迫の中でやり繰りを引き受けて身を削ったのは夫人である。

当時に於ける私の借金苦というものは、ほとんど極点に達していた。利息も払えないというので、財産を差押さえるなどということも何度あったか知れぬ。そのため競売に附せられたことも三度か四度はある。執達吏《しったつり》の中には痛く私に同情してくれて、競売の日を延ばしたり、債権者の来ないうちに来て、債権者が来ないからと言うて他へ行ってしまい、そのために債権者が来ても執達吏がいないのでそのままになったというような便宜の所置を取ってくれたりした。

この借金苦の中にあって、家内がよくこれに耐えて対戦し、いわば内助の功を挙げてくれたことは実に非常なもので、そのために私はこれに煩わされることが少なくて、自由に研究を進めることができたのである。ある時はお産をして三日目に借金の言いわけに行ってくれたこともあった。債権者との応待のごときも、家内が一手に引き受けて、うまくこれを処理してくれた。またそういうことには、特殊の手腕のある女であった。よく債権者が喧《やかま》しく言ってきて、「利息も払わぬというは怪《け》しからぬじゃないか」と、プンプン怒っている。そういう場合、家内は巧みにこれに応対して、はじめは怒っていたものも、しまいには、「それはお気の毒だ、相済まなかった」と言って、みな笑顔をつくって帰るという風で、その間の家内の苦心は並大抵ではなかった。それにたくさんの子供があり、乳飲児を抱いているというありさまで、ない金を遣り繰りしながら、愚痴一つもこぼさず、いわば私に内顧の憂を抱かせなかったということは、偏えに家内の手柄といわねばならぬ。不幸にして、一生を安楽な思いもせず好い衣服も着ず、芝居なども滅多に観に行かず、湯泉などへも一度も行かず、昭和三年（一九二八年）五十六歳でこの世を去ったけれど、この家内の心づくしは、いまもって犇々《ひしひし》と胸にこたえている。私は妻の死ぬる少し前に笹の新種に「スヱ子笹」の和名とSasa Suekoana, Makino. の学名とを付けて発表し、記念として妻の名を永久に世界に遺してやった。そして亡き我が妻への手向として「世の中のあらんかぎりやすゑ子笹」と、妻の墓碑へ刻しておいた。スヱ子は妻の名である。

以上は「受難の生涯を語る」と題した一文から抄出したものだが、全文は一九二九年十一月の雑誌『現代』に掲載された。窮苦の内にも精進して止まない牧野氏の姿とその背後にあって黙々と負債の処理に努めている奥様の様子が行間にありありと見えるようだ。そうしてこの労苦に報いるために、妻の名を目立たぬ笹の名に残したせめてもの心尽くし、世の終わるまでその名は伝わるであろうが、その報酬はあまりにも尊く美しく且つ悲しいではないか。

花月記　八月

牧野富太郎氏が親しく指導する植物採取会が行われるという新聞広告を見て、参加したことがある。東京付近にいればこんな機会はいくらでもあるらしいが、田舎では全く千載一遇という経験だし、中学生の頃からその名を聞き、偉大な業績と、それにもかかわらず不遇な生涯を過ごしたこの学者に、英雄崇拝的な気持ちを抱いていたので、一度はその風貌に接したかった。

それに採集指導に関しては、氏自身が東京植物同好会の紹介文に述べているように、「この会を指導することのできる人は、将来はイザ知らず、今のところ実際世間に幾人もありはしまいと思う。先ずどんな植物でも、山野で出会うものに対してトッサにその名称がわかり、その話ができる知識経験を積んだ人、即ち、考えておくの、詮議しておくの、また花がないからわからないの、実がないからハッキリしないの、と云ってその場逃れをせぬ人でなければならぬ。……拙者が死んだら、植物の名前をきくにも今日のようにそう容易には行かない。世間の学者は、なかなか拙者のように、それきたホイきたと面倒がらずに、そう簡単には教えてくれんよ。……拙者が死んだらその不自由さが初めてわかるよ。牧野先生が生きておればナアと、嘆声を発するときがキット今にくるからマア見ていてごらんなさい。」というような指導ぶりを直接見たいとも思ったのである。

この時の牧野氏は、数えてみると年齢七十九歳、しかし元気は五十歳前後の壮者と変わらず、ちょうど萩の研究でもしておられたのか、自分で採集されたのはほとんど萩ばかりのようだった。次から次といろいろな場所で一抱えに余るほども採集しては供の人に渡される。採集のためには山腹の急斜面を平気でよじ登り、戻りには四、五尺くらいの崖なら身軽に飛びおりるという有様で、途中で小休止をすると道傍に腰を下ろして、今採集してきた萩の花や葉を拡大鏡で仔細に観察しては、懐中にした名刺大の白紙を取り出してこまごまと記載される。その字がまた驚くような細字なのである。全く年齢を超越したその様子には驚嘆するばかりであった。

モクキリン

現在サボテン科には百四十余属千三百余種あるというが、サボテンの正品はそのうちで扁平な杓子状のものが枝分れするウチワサボテンの一種なのである。

ところでこんなに多くの種類を擁するサボテン類の中でモクキリンという奇妙な植物を知ったのは、大分県に在住していた一九四〇年頃で、九州採集旅行の途中大分県に来られた牧野氏を迎えて、その指導による植物採集会が行われた時である。今から二十余年前のことだから、往時茫々、記憶もあやしいのだが、一行はおもに師範や小学校中学校の先生で、新聞社の人達も加わって三十人くらいだったかと思う。柳田国男氏の『海南小記』に「……長くなつかしいのは、豊後では臼杵湾頭の津久見島である。山が険しいためかこの島ばかり、保安林に編入せられる以前もいっこうに斧斤《ふきん》を知らず、隙間もなく茂った緑の樹の中から、いろいろの鳥の声が遠く波の上の舟まで聞こえる。今は目白《めじろ》の名所だというが、ツグミと呼ぶのもやはり鳥の名から始まったように思う。農家がただ一戸対岸から渡って小屋を構え、わずかの薯《いも》畠を作っている。その村からも、まれに枯れ枝を拾いに来るくらいで、人の歴史には縁の薄い島らしい。そこから出て来ると、左手の海上に沖の無垢島《むくじま》と地の無垢島が見え、次第に前に話をした保土の島に近づくのである。保土の山に登ると佐伯湾を隔てて、南に鶴見崎《つるみさき》に接して大島というのが指点せられる。」とある津久見島がこの日の第一の目的地であった。というのは、琉球や中国にはあっても、日本内地では庭園に栽植されるだけで自然には生じないハランの自生地がこの島にあったからである。

津久見島は臼杵港から出る船の上から見ると、『海南小記』の文章の通り、海から険しく盛り上がって全山円く樹木に覆われた形が、海苔で包んだおむすびを連想させる。島について見ると、一九二〇年の柳田氏の旅から二十年後のこの時も、柳田氏の頃と全く同じく唯一軒の小屋があるきりであった。何しろ海からそそり立っている島で、道はせいぜい杣道なのだから険しく歩きにくい。しかし八十歳に近い牧野氏は平気でこの山を登り、途々次から次と採集しては植物の名を尋ねにくる会員達に片

モクキリン（写真提供：東山動植物園）

端からその名を教え、時にはいろいろな説明を加えられる。道の両側は鬱蒼《うっそう》と繁った森で、大きな樹には必ず太い蔓が巻きついているが、このカズラの類には特に注意しておられたようだ。テイカカズラ、マサキカズラ、ビナンカズラ、セッタカズラなどといろいろ名を教えられ繰り返されるのだが、私にはどれがどうなのか結局分からなかった。しばしば崖に乗り出して仔細に観察される木があった。イヌビワという木であるが、それに特に葉の細いものが交じっているのだという話であった。路傍の草の名はいくつも聞いては書き留めた。その多くはもう忘れてしまったが、センブリ、アキノキリンソウ、コウヤボウキなど島ではもう秋が深まっているのを知らされた。

ハランの自生地は頂上までは行かない七合目くらいの山腹の窪地であった。取ってしまってはいけないが、せっかく来た記念だから各自葉を一枚ずつ持って帰るようにと牧野氏の話で、私も貴重な一枚の標本を持ち帰ったのだが、それは間もなくカビを生やしてしまった。本来そう植物のことを調べているわけでなく、ただ中学生時代から名を聞いて渇仰していた牧野氏の風貌をこの眼で見ようという野次馬精神でついて行ったものだから、植物のことよりも、食物の記憶の方が未だに鮮やかに残っているのはあさましい。

昼食は山の中腹で摂った。われわれが植物を採ったり話し合ったりしながら山を登っていくうしろから、大きな風呂敷包みを担いだ男女と、十二、三歳くらいの子供が追い越したが、これが、島に唯一戸の小屋の持ち主で、一行のために昼食を運んでくれたのであった。茶の入った薬缶はもとより、湯呑、飯茶碗、皿、箸など全部担ぎ上げてきている。その上、飯は一抱えもありそうな大きな櫃《ひつ》に一杯の白飯だ。それに魚の佃煮と蕗《ふき》の味噌漬け、この食事が今でも忘れ得ぬ美味として思い出されるのは不思議である。殊に蕗の味噌漬けがよかった。牧野氏もしきりとその製法を家人に尋ね、何度もうなずいては賞味していた。

話題のモクキリンを見たのは、この島をくだってさらに船で南に渡った四浦という所であったと思う。その家の主人は名の聞こえた植物愛好家らしくて、牧野氏も先刻ご承知で、鉢に仕立てたものや、温室の中のものを丁寧に見ては解説を加えられた。モクキリンは簡単な温室の中で小さな鉢に作ってあった。これはサボテン科の植物でありながら、普通の植物と同じような葉と茎を持っている。従ってサボテンらしい趣は全くない。サボテン類が砂漠に馴化して葉を失い、茎が水を貯えて多肉となる前の原型であるという。一見普通の植物と変わらないから何の奇もないわけだが、これが現在の奇妙な形の植物の先祖であると聞かされると、大変値打ちがあるように思われた。モクキリン属（ペレスキア属あるいはコノハサボテン属）の植物は、日本にきているのも幾種かあって、花が美しいものにウメキリンとかサクラキリンとかバラキリンなどの名がある。渡来は大正年間の終わり頃だそうである。

ついでに、正品のサボテンの渡来については、牧野氏はこれが寛永六年（一六二九年）刊の筑前の貝原益軒著『大和本草』に所載されているので、寛永年間に渡来したのだろうと述べている。寛永というのは徳川家光の頃で、その渡来の経路に関しては、多分大西洋中のマディラ諸島から渡ったもので、オランダまたはポルトガルの船が薪水補給のためにマディラ島に寄港し、そこでメキシコから伝来して既に島の帰化植物となっていたサボテンを船載して、日本の長崎に持ってきたものだろうというのが牧野氏の意見だ。

私にとって思い出深いこの採集旅行の直後、牧野氏は大分県と福岡県境の英彦山に近い犬ヶ岳で、岩の上から墜ち重傷を負って三ヵ月間別府で療養されることになった。一九四〇年十一月のことである。

ハナカンナ

戦後五、六年になっていたけれど、まだ東京の街の中はどこでも荒涼とした焼け跡の眺めが見られる頃であった。東京駅がちょうど拡張工事中で、八重州口側は板囲いばかり、通路も足の踏み場もないという有様だったが、駅の出口の人通りの激しい所に、地面に紙を拡げてその上に少しばかりのカンナの株を並べて売っている男を見つけた。汚れた背広を着た男で、織るような人通りに超然として座っている。私は元来不精者だし、花を作ることなどあまり考えもしなかったのだが、ふらふらと買ってみる気になった。「カンナなどはいわば西洋の雑草ですからな、面倒なこと考えることはないですよ。植えておきさえすれば勝手に花が咲きますサア」という売り手の言葉も気に入ったし、第一値の張るものでもない。付けた名札に花の色も書いてあるのを頼りに色の違う物を五、六種買った。ゴロゴロした木の根みたいな球根を紙に包んでくれた。家に持ち帰りさっそく中庭に植えたが、なるほど簡単なもので、別段世話もしないのに葉を出し、無闇に茂り、花をつけた。赤や桃色、橙色、中には黄と紅の絞りもある。しかも花期が長くていつまでも咲いている。株はいくらでも殖えてだいぶ人にもあげたが、十年後の今も絶えない。今、病院の中庭のみならず、周囲あちこちに拡がっているのは皆この八重州種である。

私達は通常カンナと呼んで怪しまないが、元来カンナは属の名で、この属の中にはダンドク（檀特）などというものもあるから、日常庭園に植えている花の美しい種類はハナカンナと呼ぶのが正しい。

こう書き終わって一度よくこの花の形を見ようと思ったが、ついこの間まで赤や黄に咲き誇っていたのに一つも見当たらない。長いと思っていたこの花の花期も、八月の末で終わったのであろうか。あとには精巧な作り物のような楕円形で微細な砂を吹き付けた形の実が残っている。

花月記　九月

牧野富太郎氏には、夥しい著述の他に雑誌の刊行という仕事があった。『植物学雑誌』は日本の学術雑誌の最古のものの一つであるが、氏はその生みの親である。その創刊号は一八八七年（明治二十年）二月に出たが、ちょうどその頃、石版印刷の稽古をしていた牧野氏は、自分で描き、自分で印刷したヒロハノエビモ及びササエビモの図版をこれに掲載した。この雑誌はその後順調に続刊されたが、牧野氏は別に、自分の研究を誰からも制肘を受けない発表機関として自分の雑誌を作り、非常な苦心をして育て上げた。『植物研究雑誌』（一時『植物ノ知識ト趣味』と改題されたことがある）がそれである。

一九一六年（大正五年）四月創刊の『植物研究雑誌』は牧野氏の主宰するもので、その内容から、その体裁の隅々に至るまで、よく氏の性格を語って余す所がない。

「氏はこれによって、何人にも拘束されることなく、思う存分に世界に向かって呼び掛け、訴え、叫び、嘆き、笑い、そして一人の人間を真裸にして解剖している。これを見てある人は憤り、悲しみ、心配し、迷惑を感ずるであろう。またある人は同情し、また痛快を叫ぶであろう。……」と篠遠喜人氏は書いているが、この雑誌の維持発行に注がれた牧野氏の苦心は並々ならぬものがあった。

その創刊号に掲げられた発刊の辞の中に、

「曰く、本誌は時代之を生めりと。而して予が家久しく貧にして日常給せず。豈に出版費の余裕あらんや。而かも我抱負を行はんとするの念遂に自ら抑ふべからず。偶ま一人士に遭ひ乃ち頼りて少額の資金を得、以て僅に之を上梓し得たり」

とあるように、常に刊行の資金に悩み、大正五年の創刊から、昭和八年朝比奈泰彦薬学博士に譲って主筆を辞めるまで、十七年間に八十冊を刊行したが、はじめ及川智雄、次には当時未だ学生であった池長孟、さらに成蹊学園長中村春二及び中将湯本舗津村順天堂の津村重舎など諸氏の義侠的支援を受けなければならなかった。

それだけに、この雑誌を愛することもひと通りでなく、印刷インクは最上等のものを常に使用、時には印刷が出来上がっているのにインクの色が違うとか、擦過した傷があるといって印刷のやり直しをさせたこともあった。活字も無疵のものを揃えさせ、自分で活字を購入して印刷屋に渡したこともしばしばあった。網版や凸版の製版には最も心を使い、料金を惜しまず鮮明を心がけた。従って、その出来栄えは見事で、印刷の見本に使用されていたということである。牧野氏持ち前の凝り性がうかがわれる話である。

モミジアオイ

今年（一九六二年）の本土上陸第一号になった台風七号が、紀伊半島から日本の中央部を通り、日本海に抜けて行った翌日の七月二十八日は、青い空が初秋のように爽やかに晴れ渡っていた。この朝、本年初めてのモミジアオイの花を見たのである。この花は一九五九年秋に鳴門から移植されて以来、一昨年の一九六〇年の夏も、昨年も二年とも七月二十二日に開花し始めている。だから今年は何日に咲き始めるだろうかというのが私の関心事であった。

毎朝窓から中庭の中央にあるこの木を見下ろし、庭に出て葉や蕾の様子を眺める。今まで濃い緑一色であった葉が、七月十八日頃に下葉の一、二枚が黄変、二十日頃には黄葉は四、五枚となり、紅変しているのがある。蕾は八つくらいあるがまだ咲きそうな様子がない。

七月二十二日、葉の黄変しているのが多数になったが、今年は三年連続の記録は空しく、この日は開花しなかった。今まで病院の西側にあったのを、この冬に中庭に移したのが影響して花の時期が遅れたのかとも思われる。そして二十八日朝、初めての花が唯一つ開いたわけである。この花は朝開いて夕方にはしおれてしまい、翌日まで咲き続けることがない。翌二十九日は一つも咲かなかった。三十日は二つ、その後毎日咲き続けて七つ八つ九つと多い日もあったが、近頃は花期の終わりも近づいて次第に数が減り、咲かない日があったり、三つく

モミジアオイ

らいの日があったりという状態である。花の終わりはこの二年の経験では、十月のごく初めの一日か二日であるからもう間がない。

モミジアオイは北米原産のアオイ科の宿根草で学名は Hibiscus coccineus, Walt.。徳川時代の終わり頃渡来して、その頃は紅花黄蜀葵（ベニバナトロロアオイ）と称したという。観賞植物として栽培され、掌状に深裂したモミジ様の葉があり、「輝く如き赤色の」（『我が思ひ出　牧野富太郎〈遺稿〉』）大型の花を開く。花は五弁、花冠の基部は連合し、花片の形は下部の細長い倒卵形で、ヘラ形とでもいったらよいのであろうか。下が細いので弁の間に隙間ができている。芯柱が長く突き出ているのは、琉球の街上でよく見られる同属のブッソウゲ（仏桑花）に似ている。

牧野氏はその晩年頃、渡来植物の運命、盛衰に興味を持ち、これについて著書を出したい意向のようであったが、それは実現しなかった。しかしこれに関連した記述は論著の中にたくさん見られる。例えばかつて鉄道草といわれたヒメムカシヨモギ、ヒメジョオンが次第に姿を消して、これに代わってハルジョオンが素晴らしく繁殖していることはいろいろな所に書いておられるが、渡来植物の一つであるこのモミジアオイについても、「近年絶えて見受け無い」（前掲書）と詠嘆しておられる。そうしてみると、我が庭のモミジアオイは未だに生き残っている貴重な存在ということになる。

モミジアオイの名に因んでアオイの仲間を少し並べてみよう。

人の背よりも高くなる壮大な直立した茎に、艶麗な花をびっしりと付けるのはタチアオイ（古名は蜀葵《カラアオイ》）である。別名をハナアオイともナツアオイとも言い、五、六月梅雨の時期に咲き、茎の下から上に咲き上って行く花が、梢に達して咲き終わると梅雨が晴れるという。しかし、満州や北海道では真夏の七、八月頃にも見たから、梅雨期との関係は日本内地だけのことだろう。小アジアの原産だという。

中学に入学して博物という学科があった。博物で教えるのは一年は植物、二年は生理衛生、三年は動物、四年は地質鉱物、五年は生物通論というようなことで、この入学早々の植物の時間の、最初の教材がゼニアオイであったから、ゼニアオイは印象深い植物である。心臓形の葉を持ち、紫紅色の濃い紫色の脈を持った花をつける異国的な感じの植物だ。漢字では錦葵。

葵という漢字はフユアオイを指すということだ。わたしはこの植物を知らないがゼニアオイと同じ属である。小さな目立たぬ花をつけ、昔は薬用として栽培されたという。

テンジクアオイ、今では園芸の書物に大抵ゼラニウムと書いてあるから、この名で呼ぶ人の方が多いだろう。茎が柔らかく折れやすい。全体に青臭い独特の臭いがある。これはアオイという名はついているがアオイ科ではなくてフウロソウ科、ゲンノショウコなどと近縁のものである。アフリカ原産。

徳川の葵の紋というのは大変な権威のあったものらしいが、このアオイはまた別物だということである。このもとの植物は例の賀茂の「葵祭」のアオイで、本当の名はカモアオイまたはフタバアオイ。ウマノスズクサ科の植物であるという。賀茂神社を崇拝する諸氏の間でこのカモアオイを家紋に用いたが、その中の一族松平氏を徳川氏がおかして、その紋章を自家のものとしてしまった。カモアオイは一株に必ず二葉出るのでフタバアオイともいうのだそうだが、それがどういうわけでさらに三葉葵となったものであろうか。

賀茂の祭にはこの植物を車に掛け、また冠にも付けると聞いているが、その由緒については詳細を知らない。

モミジアオイの真紅の花に対し、トロロアオイというのは花冠が黄色、花の底は暗紫色で、アキアオイの別名に相応しい優雅な花である。真っ直ぐに立った茎の梢上に大形の花が下から上へ順に咲き上るところも、朝開いて夕方にはしぼむところもモミジアオイによく似て、互いに極めて近縁の植物である。カボチャアサガオという変な別名もあるらしいが、そういえばモミジアオイもモミジバアサガオと呼ぶ人がある。和紙を漉く時にこの根を混ぜて粘りを出すという話だ。

花月記　十月

牧野富太郎氏の東大泉の家が壽衛夫人の英断で建築されることになり、上棟式が挙行されたのは一九二五年（大正十四年）十二月一日であった。四十年を経た今日、当時の建物は書斎がコンクリートの鞘堂の中に保護されて残っているだけだが、夫人が植物園にしたいと願った庭の方は、現在牧野記念庭園として残っている。約六百六十坪の庭園に千種近い植物があり、別に記念館を造って標本や遺品を展示している。庭園は大分改造されたので、先生が自分で採集してきて植え育てたものはあまり残っていないという話だが、それでも由縁の植物がいろいろ見られる。

一九四六年夏から毎日書き続けて百題に達したという『随筆・植物一日一題』の中に、「私の庭にこの支那栗の樹が一、二本ばかり成長を続けている。その一本へ今年初めて花が咲いたが、ついに実がならずにすんだ。その樹の本の方は直径は一方のものは五寸、一方のものは六寸五分あって、この太い方へ花が着いた。この支那栗はその幹の様子、葉の様子も無論大体は似ているが、日本のクリとは異なって嫩い幹は滑かであり、葉の広いものはその幅およそ三寸五分もあり、初めは裏面も緑色だが、後にはそれが白色を呈する。つまり非常に細かい白毛が密布するのである。この私の庭の木は前年市中で生の甘栗を買い来って播種したものである。今日でも大きく成長を続けてはいるが、依然として一向に実が生らない。……」と書いてあるが、その二本の支那栗が見上げるように大きく育っている。当時は実がならなかったものと見えるが、現在、記念庭園の管理に当たっているA氏から次のような詳しい通信を頂戴した。「ご教示の支那栗は今、根元の方で一本は径一尺三寸、他方は一尺あります。太い方には一昨年は約百個くらいなり、去年も少々なりましたが、今年は全然花も咲かず実もなりませんでした。実は小さいがなまでも少々甘いようです。当地方流行のクリタマバチのために樹勢が衰え寂しくなりました。小さな方には花は咲きましたが未だ実がなりません。

なお土佐の傍士駒吉の作り出した傍士栗というのもありますが、支那栗同様今年は花は少々咲きましたが、実はなりませんでした。これは粒も大きくなかなかいい栗です。」

支那栗というのは日本のものより味が甘く、また渋皮がむけやすいのだそうだ。

牧野氏が郷里の高知県佐川から初めて上京したのは、この上棟式の年からまさに一元を遡った一八八一年（明治十四年）の初夏であった。新橋～横浜間の鉄道が開通したのが一八七二年、それから程経たぬ時であるからこの旅行はなかなか大変なものであった。氏の生家は当時見附の岸屋といわれて酒造と小間物屋を兼ね、その屋台骨はまだ些かの動揺も見せていなかった頃で、お伴を二人連れた大した旅行であったが、佐川から高知まで徒歩、高知から神戸まで汽船、神戸から京都までは既に鉄道があったらしくて、当時の言葉で言う陸蒸気《おかじょうき》、京都からは徒歩で旧東海道を大津、水口、土山と歩いて鈴鹿峠を越え、四日市に出て、ここから船で横浜に向かった。この船は外側に水車のような車のある外輪船であったという。

途中いろいろな植物を採集したが、鈴鹿峠で初めてアブラチャンを見、これを採ったが、横浜到着の後この木を手にして記念の写真を撮ったということである。この所緑のアブラチャンも記念庭園に植えられてある。

アブラチャンという植物はクスノキ科クロモジ属の落葉灌木で、山中に生じ、早春、葉に先立って細かい黄色の花が数花ずつ集まって枝上に咲く。秋には花に似ぬ大きな円い果実（一センチから一センチ半）が生る。東京北方の筑波山でナンジャモンジャと呼ばれていた木はこのアブラチャンであったそうだ。同じくナンジャモンジャと呼ばれていた樹だが、昔の青山練兵場（現在明治神宮外苑）にあったのはヒトツバタゴというモクセイ科の植物であった。

ポプラ

この病院が新設された時、付近の家から苦情が出た。二階や三階の窓から入院患者が見下ろすのでは困るから、目隠しをしてほしいというのである。目隠しはいかにも陰気臭いし、木を植えて勘弁してもらいましょうと返事をして、その道の専門家に相談してみると、この土地にはクスが向きます、とのことだった。なるほどクスノキは立派な木だけれど、十年も二十年もしないと目隠しになるまい。流石に林産学者の考えというものは悠遠だと感心したことだったが、当面の役には立ちそうもない。そこでポプラを分けてもらって植えた。当時直径三センチ足らず、高さ二メートル前後の苗だったが、二年八ヵ月経った今日、最も良く育った物は、直径十センチを越え、高さは八メートルに達して、充分目隠しの役に立っている。まことに成長の早い樹である。

牧野氏によれば、ポプラと呼ぶのはいけない、正しくはロンバルディポプラと呼ばなければ、この植物の本当の種名にはならないらしい。強いて日本名でいえばセイヨウハコヤナギである。

この樹は今日世界中至る所に栽植されているが、原産地は分からない。ロンバルディと呼び、また学名にもイタリアの名が付いているが、イタリア原産ともいえないらしい。学名は Populus nigra, L. var. italica Duroi でヤナギ科に属する。

ポプラで思い出すのは北大農学部の並木や、北海道の広大な牧場を飾っている独特な姿であるが、初めて日本にポプラがもたらされたのは、まさしくあの北海道の樹達なのである。

徳川幕府の後半頃、日本は樺太南半まで領土にしていたが、その末期近くになってロシアの北方進出と共に樺太の領有が曖昧となり、日本としては退いて北海道の確保と開拓に力を入れなければならなくなった。幕府瓦解の後、明治維新政府もまたこの方針を引き継いで、はじめ箱館奉行を置いたが、一八六九年（明治二年）太政官の下に各省と同格の開拓使を置いて北海道開拓に当たることとし、またそれまで蝦夷地と称していたのを北海道と改めた。まず従来統治の中心であった箱館府があまりに道南に偏しているので、新たに北海道開発の中心となるべき首都を建設することとし、石狩平野の一部、豊平川の扇状地の地を選んで、判官島義勇《しまよしたけ》に命じて建府の仕事に当たらしめた。

この年の秋、島判官は悪路を冒してまず函館（従来箱館と称したが明治二年九月函館に改めた）から小樽近傍の銭函に移って仮役所を置き、十一月十日降る雪の中を札幌の地に足を踏み入れた。札幌とはいっても、この当時は鹿の群れ遊ぶ疎林の中に一条の小径が走るのみ。家も村落もなく、僅かに路が豊平川と交わるあたりの川の両岸に、安政のはじめ頃から住み着いたという渡し守の一家と、警備と渡し船を兼ねた浪人の住居があっただけ。この拠るべき何物もない広漠たる林野の中に京都に倣った大都府を造り上げるために、彼は雪と寒さに悩む土工人夫を叱咤激励して、まず十二月はじめに集議局と呼ばれる官邸を造り上げ、これを統治の中核とした。この時、官邸内に神鏡を奉祀して国造りの神々オオクニタマノミコト、オオナムチノミコト、スクナヒコナノミコトの三座の神を祭った。明治維新の指導精神であった祭政一致の趣旨に基づくもので、翌一八七〇年、別に小社を造って遷祀したが、これが後の札幌神社である。

その後、彼の惨澹たる努力にもかかわらず建府の仕事は困難を極め、食料の補給さえも思うに任せぬ有様で、ついには志半ばで彼は更迭を命ぜられたが、その理由は予想を遥かに越えた多額の出費ということであった。事実は藩閥政府内部の勢力争いに災いされたものらしい。

彼は元佐賀藩士で若い頃江戸に出て佐藤一斎に学び、後に水戸の藤田東湖の教えを受けた。その後安政年間に蝦夷地を巡視しているが、一八六九年六月、旧藩主鍋島直正が開拓督務となったのに従って、これを助けるために判官主座となり、鍋島辞任の後にはその後を襲った開拓使長官東久世通禧の下で札幌建府の主任となったわけである。罷免の後、大学少監、侍従、秋田県令等を歴任したが、一八七四年（明治五年）江藤新平と共に佐賀の乱を起こし、敗れて主魁として斬罪に処せられたのは悲惨である。齢五十三歳であった。

　彼の後を引き継いだ大判官岩村通俊及び開拓使次官黒田清隆によって札幌の街がほぼ形を整え、顧問技師ホルトの設計による開拓使本庁が落成したのはその後ほぼ三年余経た一八七三年（明治六年）十月であった。

　新しく生まれ出たこの都は内地では見られない壮大な規模を持っていた。輸送の便のために新たな運河が掘削されて、これが街を南北に貫いていたが、その名も新天地の首都にふさわしく創成川と呼ばれた。また東西に走る幅員六十間に近い大通りもあった。この大通りは古い地図を見ると火防線として造られたものらしいが、後には後《しりべ》志《し》通りと呼ばれた幹線道路で、現在は大通公園となっている。この運河と大通りによって官庁街、住宅及び商店街、工場街の三部分が分けられ、官庁街の真ん中に洋風二階建て、中央に三層のドームを持つ白亜の開拓使庁舎が東西四丁、南北五丁の敷地を占め、周囲には土塁を巡らし、その外側には二十間道路が走り、東の正門前には花壇が設けられることになっていた。街は一丁ごとに縦と横に走る十二間道路で正しく碁盤目に区画された。そして開拓使本庁のドームの上には青地に赤い星を染め抜いた開拓使の旗（北辰旗と呼ばれた）が翻っていた。新興の意気思うべしだ。この塔の上からの展望は素晴らしく、「西方の峰々のあたりには黒黒とトドマツが茂り、山腹から渓にかけて濶葉樹の緑で埋まっており、また他の方面一体も原始林で覆われていた。東なる豊平川方面と屯田の方（西南）こそ少しく開いていたが、ほとんど奥深い森林の世界で、原生林の幽玄さはひしひしと身にせまった」と、札幌農学校第一回の出身である宮部金吾の伝記の中に記されている。

この原生林を形作っていた植物にはどんなものがあったのだろう。『札幌沿革史』という本には札幌付近の森林の樹木が数多く挙げてある。カツラ、コブシ、ケルナシ、シナノキ、シコロ、イタヤ、サクラ、サビタ、ニワトコ、ヤマツツジ、イチダモ、アカダモ（ニレ）、クワ、クルミ、ガンビ、ハンノキ、カシワ、ナラ、ヤナギ、ドロ……。多分その多くは、人の丈より高く生い茂るアシに覆われた湿原に続く沖積層の肥沃な土地に昼なお暗き密林を形成していたのだろう。その根元には笹やその他の下草の茂るに任せ、梢にはブドウ、コクワなどの蔓がからみ、またいろいろな寄生植物が垂れ下がっていたに違いない。カシワやナラのような木は少し高い丘の上で疎林を作り、稍々明るい陽射しを受け入れていたのだろう。

街の区割りは決まっても、開拓の意気はいかに高くとも、実際の生活は困憊を極めた。住む人は定着の意思がなかった。移住する者には家作料として百円を貸与し、十ヵ年で返させることとして建築を奨励したが、人々はその金を握ったまま犬小屋のような所に住んで、住宅を新築する意思がなかった。そして一杯の酒と鹿肉に歓を求めた。官ではついにこのような犬小屋式住宅に石油を注いで焼き払い、これを御用火事と称したという。現在では想像もできない話である。

開拓使次官から引き続き長官となった黒田清隆は、一八七一年の赴任に先だって「北海道の開発は日本在来の技術のみに頼っていては困難で、先進国の知識の導入が必要である」と建言し、まず当時イギリス植民地から独立し西部のフロンティアを次々と開拓しつつあったアメリカに技術援助を求めた。渡米して大統領の支援を受け、農務局長ホーレス・ケプロン（H. Capron）を帯同して帰国、彼を開拓顧問頭取とし、その下に働いた外国人顧問、技師、雇教師等は六十人余に及んだ。彼等の技術による地質調査測量等の結果が顧問団の献策となり、開発は次第に進み、また農機具、家畜、種苗等が次々と輸入され、北海道の新しい産業が興りはじめた。

北海道に外国の知識文化が導入されたのは実はこの時が初めてではない。安政の頃から次々と箱館に来航し、駐在したアメリカ、ロシア、イギリス、フランス、オランダ等の貿易官や領事は多くの欧米文化を移入した。しかし、開拓使が十年計画二千万円の巨費を投じて行った外国技術の導入は、それが北海道の産業の開発と結び付いている所に大きな意味がある。新しい種苗の輸入もその作物が消費されなければ意味がない。そこでそれを買い上げて加工する製粉工場、製油工場、精糖工場、皮革加工場、紡績工場、ビール工場等官営の加工場がたくさん作られた。鉱山の開発も進んだ。生産物の輸送にも開拓の進捗にも重要なのは交通機関である。電信の架設、道路の築造、豊平川の架橋、汽船の購入等が次第に運輸を安全迅速にした。手宮（小樽）～札幌間の鉄道は一八八〇年（明治十三年）に開通し、現存している弁慶号、義経号などと名づけられた機関車がここで活動したのだが、これは日本では新橋〜横浜、神戸〜大阪に次いで最も早くできた鉄道である。

この当時の輸入による農作物は非常に多い。大麦、小麦、裸麦、ライ麦、エンバク、トウモロコシ、ジャガイモ、キャベツ、カボチャ、タマネギ、トマト、種々の牧草、リンゴ、ナシ、サクランボ、ブドウ、グーズベリー、亜麻、ホップ、テンサイ、タバコ等。

さらに西洋草花の類いは八十種に及び、またポプラ、アカシア（ハリエンジュ）、トウヒなどの洋種樹木もこの頃輸入されたのである。

黒田清隆は、北海道開拓は新しい土地に理想の社会、理想の人生を作ることだと考えた。黒田、ケプロンが反都会主義、反中央集権主義として、後年中央政府やそれを取り巻く政商達に非難された原因もそこにあったのであろう。彼は外国人教師を雇って指導を受け、また多数の留学生を海外に派遣した。女子学生の派遣さえも行っている。そして理想の新天地を作り出そうとした。北海道大学の前身である有名な札幌農学校も彼のこのような意図の表れで、単に農業技術の習得普及のみならず、高い教養を身につけた指導的人物の養成がその目的であった。マサチューセッツ州立大学の教頭であったウイリアム・スミス・クラークが招かれて札幌農学校に来たのは、マサチューセッツの土地が北海道とほぼ同緯度にあって、地球上で北海道と最もよく似た風土と気候を有する所だからでもあったが、クラークのキリスト教精神に基づく誠実と信念に期待したからでもあった。

クラークは札幌農学校の礎を築くため一八七六年（明治九年）六月来朝、東京芝の仮学校で自ら生徒を選び、共に相携えて北海道に渡り、八月開校式を挙げた。黒田長官が臨席して挨拶したことはもちろんである。クラークは母校に倣って学校造りをした。札幌の北には大きな学校園が設けられ、模範的な家畜舎、穀倉が造られ、学校園はそのまま北海道の模範農場であった。新しい日本の建設を志す若い学生達は、ここで農業の技術の他に勤労と誠実の精神を、感激を以て植えつけられた。在任僅かに八ヵ月、一八七七年三月クラーク離任の日、彼を慕う学生達は別れを惜しんで騎馬で追随し、千歳街道の鳥松に至ったが、クラークはここで馬を駐め、愛する学生達に訣別し「青年よ大志を抱け」という言葉を贈ったのはあまりにも有名な話である。極めて短い在任にもかかわらず、その残した影響は深くかつ永かったのである。

　ポプラは彼や彼の親しい人々によって導き入れられ、その記念として今も残っている。今やポプラは北海道の土地に深く根を下ろし、古くからある土着のニレと共に北海道の代表的な樹木である。のみならず次第に全国に広がって、至る所その姿を見ない土地はないまでになった。そして四国のこの土地にもポプラは生い育ち賑やかに葉を揺るがせている。この葉は僅かの風にもいかにも賑やかに揺れる。その音が騒がしいのでヤマナラシと呼ばれるのだそうだが、この葉が騒ぐのは他の植物と違った構造を持っているからである。ポプラの葉を一枚取ってご覧なさい。卵形の葉を支える葉柄の葉に近い部分約三分の二が左右に、つまり葉の面と直角の方向に圧平されて平たくなっているのに気が付く。このため葉は左右にも上下にも極めて揺れやすいのである。ポプラの葉が上下左右微妙に賑やかに動き回る所以はかくの如しだ。

　十一月三日は明治の天長節で、その時代この日は必ず晴天となり雨は降らないものと言い伝えられたものである。ところがどうだ。今年（一九六二年）は昨夜から暴風雨で、今朝も暗い秋の雨が降り続いている。確かに明治は遠くなってしまった。原始林の中に大都市を築き上げる奇跡を成し遂げた人達、その繁栄のために心血を注ぎ己は困苦の中に没し去った人達、その中核となった島、黒田あるいはさらにその先駆者であった近藤重蔵、松浦武四郎等の英雄もまたそれぞれの数奇な運命を経て歴史の彼方に消えてしまった。かつて札幌の象徴の如く市民に親しまれた時計台も、今はビルの谷間に隠れてしまったという。現在の道産子達はクラークが札幌農学校のエリート達に残した熱っぽい言葉が、今もなお感激を以て語り継がれているのを鼻白む思いでいるとも聞く。時代は移っているのである。当然である。功業も栄誉も、これに伴った残虐や汚濁の歴史と共に忘れ去られてもよいかも知れない。

ただ私個人としては北海道を思い札幌を思う時、自ずから湧く親愛の念と一種の感慨を禁じ得ないのは何によるのであろうか。若い頃、今九大にいるS教授の好意でこの地方に旅行した時の思い出の懐かしさからであろうか。あるいは雪の札幌で誕生しながら嬰児時代を過ごしたのみで、全くこの土地の記憶を止めないという私の妻の憧憬が、自ずから心に通うためであろうか。

花月記　十二月

牧野富太郎氏にとって一八八一年（明治十四年）から一八九〇年（明治二十三年）までの二十代の十年間は、極めて多事な十年間であったといえる。

二十歳の時に東京で開催された第二回内国勧業博覧会の見物かたがた、植物学の参考書や顕微鏡などを購入するため、初めて四国から足を踏み出して上京、その途中でいろいろ目新しい植物を採集したことは前章にも書いたが、一八八四年ついに家業を捨てて植物研究に専念する決心を定めた。その頃祖母浪子の熱望によって一旦結婚した従妹の牧野なおさんとも別れ、その後佐川と東京の間を幾度か往復することとなった。上京の際は理科大学の植物学教室に自由に出入りして研究することができた。

一八八七年（明治二十年）には当時選科学生として植物学教室にいた田中延次郎、染谷徳五郎の両氏と図って、三人の発起によって植物学雑誌を創刊した。

日本産の全植物を網羅記載した日本植物志を完成することは牧野氏終生の悲願であったが、その手始めに、まず図版を主とした『日本植物志図篇』の刊行を決意、自ら図を描き、自費を投じてその第一巻第一集を公にしたのは一八八八年（明治二十一年）十一月であった。その精緻さは学界を驚嘆させた。中でも親友池野成一郎氏（後に東京帝国大学農科大学教授）がこの刊行を最も喜んでくれたという。ロシアのマキシモヴィッチからも絶賛と激励の手紙が来た。

彼の名はこれによって次第に知られてきたが、翌一八八九年（明治二十二年）には日本で初めて植物にラテン名の学名を付けた。その植物はヤマトグサ。この草は一八八四年十一月高知県吾川郡名野川村の山地で牧野氏が発見採集したが、当時は地に臥した茎と葉のみであったため詳細が分からなかったが、翌々一八八六年渡辺協氏が同じ場所で採った花の標品の送付を得て十分な研究ができ、その結果一八八九年一月大久保三郎氏と共同で Theligonum japonicum OKUBO et MAKINO. という学名を付けた。特殊な花を有する珍草で、その後筑波山及び佐渡でも発見されているそうだが稀品たるを失わない。

一八九〇年（明治二十三年）には東京市外小岩の用水池で見慣れぬ水草を発見したが、これが食虫植物ムジナモで、当時全世界で僅かに三カ所しかその産地が知られていなかった。この発見がエングラーの植物学書に載せられ、彼の名は世界的となった。

この秋、結婚して狸の巣といわれた神田の下宿から根岸に移った。夫人の名は壽衛、当時十八歳であった。生家は小沢氏で、元彦根藩士の父君は陸軍の営繕部に勤務していたが、この当時は既に亡く、母君と小さな菓子屋をしていたことは前にも書いた。

一八九〇年の暮れ、生涯の厄難のうち最初のものが襲ってきた。即ち牧野氏の業績を嫉んだ教室主任教授が彼に対して植物学教室への出入りを禁じた事件である。これでは研究を続けることができない。日本の学界に失望した彼はやむをえずこれまで採集所蔵した多数の標品を携えて遠くロシアのマキシモヴィッチの所に走ろうと決心し、ニコライ堂の神父に斡旋を依頼して露都からの返事を待っていたが、明けて一八九一年春、彼にもたらされたのはマキシモヴィッチ夫人からの手紙で、マキシモヴィッチ氏は折から流感で病臥中であったが、牧野氏の来ることを聞いて大変喜んでいたのに、病癒えず二月十六日ついに死去したという悲報であった。牧野氏の失望落胆は察するに余りある。この時氏は三十歳になっていた。

アケボノスギ

新年を迎えるに当たっての話題は何がよかろう。福寿草、松、竹、梅。いやこの庭の樹木の内に一つ新年にふさわしいものがあるから、それをご紹介しよう。アケボノスギ――メタセコイアである。二百万年の遠い昔に既に地球上から姿を消したと思われていたこの植物が、最近になって深山の奥深く生き残っていることが発見され、種子を採り苗木を育ててみると素晴らしい生長と旺盛な繁殖力で、たちまち全世界に広がってしまった。不死鳥の伝説にも似て、しかもその名はアケボノスギ、年の初めの語り草には真に恰好な目出度い植物であり、また明るい名前ではないか。

中国の古書によると、東方海上に島があって扶桑という。その島には巨木があって高さ一里、中国から望むと上る日もこの木にさえぎられる。それで東という字は木の中に日を書くのだという話があるそうだ。この扶桑というのは日本のことだとも言われる。なるほど昔の風土記などを見ると、名山大河の記事と共に巨木の話がよく出てくる。例えば佐賀にあった大樟は朝日の影が杵島の郡に達し、夕日の影は三養基郡に及んだとか、景行天皇が肥前の国に御幸して丘の上に登り、琴を奏して酒宴をした後、終わって琴を立てたところ琴は化して高さ五丈周囲三丈の樟になったとか。

　ところでこういう昔の巨木はいずれも唯一本聳え立っていたのだが、伝説の巨樹に勝るとも劣らぬ木が、しかも群生している所が現実にあるのだから驚く。北米カリフォルニアのシェラネバダ山中にある巨木公園がそれで、ここには世界最大の樹木セコイアの林が十二もあり、中でも最も大きいゲルマン将軍と呼ばれるセコイアは高さ百十六メートル、直径十一メートル、樹齢四千年といわれている。この巨樹の幹にトンネルを穿ち、自動車で通行している写真はよく地理書にも見かけるのでご承知の

アケボノスギ

ことと思う。メタセコイアはこの世界の巨樹セコイアと極めて縁の近い植物である。

　現存するセコイア属の植物はセカイヤオスギ（Sequoia dendron または S. gigantea）、セカイヤメスギ（S. sempervirence）の二種に過ぎないが、地質時代にはこの種の植物が広く地球上に繁茂していたらしく、その材、枝葉、毬果が化石として世界各地に発見される。その最も古いものは中世代白亜紀に遡るが、第三紀に入ってからは世界のあちらこちらから出ている。これらの化石セコイア類は、現生種のセコイアを含めてその多くは、葉が枝に互生、毬果の鱗片も互生しているのであるが、研究の結果、その中に葉や鱗片が対生している種類のあることが分かって、従来セコイア属と同一視されていたのを、べつに一属を分けてメタセコイアと名付ける新属を立てたのは、京都大学の三木茂博士（一九四一年に発表）であった。この属に入る化石には Metasequoia distica, M. japonica またはアメリカに産する M. occidentalis などがある。

　このメタセコイア属の和名として三木博士はイチイヒノキという名を与えていたらしい。葉の形がイチイに似て、毬果の形はヒノキにそっくりだからである。勿論その頃メタセコイア属の現生種というものは未だ知られず、アメリカでは中新世の終わり以後化石が見られず、日本では既に二百万年前頃には絶滅したものと考えられていたのである。

舞台は中国の奥地に移る。一九四五年重慶在住の林務官王戦氏が、湖北省と四川省を界する揚子江の一支流磨刀渓の奥深い山中で、ある祠のほとりに不思議な巨木を発見した。直径二、三メートル、樹高三十五メートルに達していたという。彼は当時重慶にいた南京大学の鄭（Cheng）萬鈞教授に検定を頼んだが、疎開中の同教授は手元に然るべき文献も資料もなかったので、胡（Hu）先驌博士に調査を依頼した。その結果、この木は三木博士が化石に命名したM. disticaと同一種のものであると判明、研究の結果は胡、鄭両氏の名でM. glyptostroboides, Hu et Cheng. と命名発表した。即ち化石としてのみ存在を知られていた植物が現在もなお生きていたことが発見されたのである。胡博士はハーバード大学出身の植物学者で静生生物研究所長。中国奥地を旅行して多数の材料を収集研究しており、中国植物研究の第一人者である。

四川省で発見されたこの現生メタセコイアの種子は採取してアメリカにもたらされ、ハーバード大学のメリル博士、カリフォルニア大学の古生物学者シェニー教授等によって播種栽培され、その苗木が世界各地に広がった。シェニー教授は自ら中国に渡ってこの現生化石植物の貴重な材料を採集した人で、常々「戦争がなければこのメタセコイアは必ず日本人学者によって発見され世界に紹介されていただろう」と洩らしていたという。

教授はサンフランシスコ在住の金光教教師福田美亮氏が帰国するのに託して、メタセコイアの苗木と種子を昭和天皇に献上した。これは一九四九年（昭和二十四年）十月のことであった。天皇は非常に喜ばれて吹上御苑内花蔭亭の傍らに植えて日本メタセコイア第一号をしてその生長を楽しみにされ、ご自分でメタセコイアと背比べをされることもたびたびあって、植物研究のお相手をしていた本田正次博士に「メタセコイアがもう肩のあたりまで伸びた」など話されたという。一九五四年（昭和二十九年）毎日新聞社発行の『皇居に生きる武蔵野』の中に熊谷氏撮影のその見事な写真が掲載されているが、当時既に三メートル半くらいに達していたから、皇居のメタセコイアはその後八年の間にさらに素晴らしく生長しているに違いない。

「生きている化石」として新聞などに宣伝されたのはその頃で、当時アメリカから輸入された苗木は全国の大学や試験場に三本くらいずつ配布して植えられ、また翌一九五〇年頃輸入された種子から実生で育てられたものもあり、さらにこれらの樹から小枝の挿し木によって何万本と繁殖し、現在では日本各地にこの木を見ることができるようになった。元帝室林野局の試験場であった現在の農林省林業試験場浅川実験林は多摩御陵に続く丘の上の景勝の地であるが、私はここを訪ねて、この最初の苗木から育ったメタセコイアを見せてもらった。三本あったが、その最も育ったもので高さ六メートル余りであるが、同じ時に植えられたもので京都大学の演習林にあるものは遥かに大きく育ち、毬果も付け始めているそうだ。

この樹はスギ科の喬木で幹は高く直立、枝を左右に分かち、細い枝に小さな葉を密生し、冬になると小枝が葉の付いたまま落ちる。樹姿端正で葉色鮮やか、すこぶる美しい木である。落葉する前に紅色を帯びた淡褐色となるが、この紅葉もなかなか美しい。和名をアケボノスギというが、これはアメリカ名の Dawn Redwood に基づいて一九五〇年頃東大の木村陽二郎博士が命名したものである。また落羽松《らくうしょう》に近縁の植物なのでヌマスギモドキという名を付けた学者もあったが、この方はあまり使われていないようだ。ヌマスギは落羽松の和名である。アケボノスギもヌマスギに似て水位の高い河岸や湖畔を好むようである。

さて、我が病院の庭にあるメタセコイアは前章に書いたポプラを分けてもらった時に、一緒に林業指導所からもらった物である。三十センチ余の小さな苗木で、数は三十本くらいもあっただろう。畑の隅にまとめて仮植えしたまま長い間放ってあったのであまり育ちはよくない。昨年頃からボツボツあちらこちらに分けて植えたが、今の所大きいのが一メートル七十センチ程度のものだ。植木好きのYさんがこの木ばかりはあまり喜んで世話をしなかったが、名前がメタセコイアなんて変な呼びにくい名であったためかも知れない。私はアケボノスギという良い名があるのをついぞ知らず、東大泉の牧野記念庭園を訪ねた時、記念館の裏に植えられたこの樹にアケボノスギという名札が掛けてあるのを見て、初めてこの名を知ったような次第で、今後はこの美しい名で呼ぶこととしたい。Yさんにも大いに精を出して世話をしてもらい、二十メートル、三十メートルの大きさにまで育てたいものと思っている。

牧野記念館裏の樹は、牧野先生が生前小さな鉢に植えていたのを、歿後土地におろしたのが大きく育ったものだそうだ。

皇居内のメタセコイアは我が国では最もよく育っているという話を聞いたので、何とかして一見するか、さもなくば最近の写真でも手に入れたいと思ったが、どうも簡単には事が運ばない。仕方がないので、ともかく宮内庁に電話を掛けてみた。電話の方は簡単で、間もなく管理課の庭園係の人を呼んでくれた。その話によると、現在樹高は十四〜五メートル、太さは目通り二十センチほどの大木になっているとのことである。メタセコイアの第一号の最近の消息が分かってうれしかったが、初め取り次いだ宮内庁のお役人は、変なことを聞いてくる奴もいるものだと思ったに違いない。

花月記　一月

牧野富太郎氏は、その長い生涯に幾回か災厄に出会い、苦しい日々を送った期間も決して短くはなかったが、その間に良い友人が次々と現れて、理解と同情と援助を惜しまなかった点は、まことに恵まれていたと言わねばならぬ。成蹊学園長中村春二氏も、また良い友人の一人であった。

一九二二年七月、成蹊女学校の学生に植物採集の指導をすることを依頼された牧野氏は、中村園長やその他の学校の職員・学生と一緒に、野洲日光山に赴いて生活を共にし、それから二人の交遊が始まった。中村先生は一九二四年二月二十一日に亡くなったのだから、二人の交際の期間は二年に満たない短いものである。それにもかかわらず二人の交わりは極めて深かったようだ。

当時、悲境にあって発行も思うに任せなくなっていた『植物研究雑誌』は、この時中村氏の同情と仁侠によって蘇生し、成蹊学園出版部で出資発行されることになった。「……枯草ノ雨ニ逢ヒ轍鮒ノ水ヲ得タル幸運ニ際会スルコトヲ得テ……」（『牧野富太郎自叙伝』）と牧野氏はその時の喜びを書き残している。この援助によって『植物研究雑誌』は『植物ノ知識ト趣味』と改題され、新装の下、再出発することになったのだが、まさに印刷が出来上がった際に、全く運命のいたずらか、一九二三年九月の震災によって神田の印刷所三秀舎が焼亡、雑誌は見本として牧野氏の手元に届けられていた十部を残すのみで、すべて焼け失せてしまった。それに次いで中村氏自身の病気、死去等の事情で、復刊は一九二六年に持ち越されてしまった。まさに不運だったのである。

中村氏はまた牧野氏の悲願であった植物志発行のためにも出資を惜しまなかったと言われている。

牧野氏が中村園長を尊敬したのは然しその出資援助のためばかりではない。その人柄に深く推服したのである。日光採集当時、湯本の板屋という旅館に宿泊した際、園長が牧野氏を二階の上座敷に泊め、自分は次の間に泊まったということが、深い敬意と感銘を以てその著書に繰り返し述べられていることでも、その傾倒の程度がうかがわれる。

一九二四年正月、中村氏の病漸く篤いことを伝えられた際、牧野氏は自ら植物学的に正しい春の七草を摘んで籠に盛り、枕頭に贈って見舞いとした。中村氏は生まれて初めて正品の七草を見たと言って非常に喜び、床の間に置いて飽かず眺めたという。二月中村氏逝くや、厳寒の中を夜を徹して新墓の傍らに蹲り、墓を守って動かなかったこともあった。中村春二氏享年僅かに四十八歳、牧野氏はこの時六十三歳であった。爾来牧野氏は採集に出掛ける時、必ず内ポケットに中村氏の写真を納めて行くことを忘れなかった。常に氏と行を共にする気持ちであったのだろう。牧野鶴代女史（牧野氏次女）の談話である。

春の七草

今年（一九六三年）もたくさんの方々から年賀状を頂戴した。特に今年は四月に選挙があるせいか、まだ面識のない人達からのも大分あった。中で一風趣の変わったのは九大のＳ教授からのである。

明けましておめでとうございます

新年のお祝詞を呈上いたします

いろいろ考えて今年は限られた身近な方だけと賀状の交換をすることに致しました。失礼にわたるところもあるかと思いますが容赦願います。

というのである。これは昨年の賀状に「新年おめでとうございます。年賀状交換という慣習にも、もう初めのような意義や興趣がなくなってきたようです。此の当たりで一つ考えなおしてみたいと思っていますが、ご意見はいかがでしょうか」と所懐を述べた後を受けて、年賀状を本来の姿に引き戻そうとする努力の表れであったと思う。

虚礼に堕しがちな年賀状をどうするか。Ｓ教授と似た考えを抱く人は多いのであろうが、さてこれという良い工夫もないのが一般の嘆きである。

一九六三年一月五日付け朝日新聞の『きのうきょう』欄に「賀状の思案」と題して佐藤達夫氏がこんなことを書いている。

「わたしの年賀状は二本建で、よそゆきの活版刷のほか、ごく親しい仲間には、その年のえと（干支）にちなむ植物を版画に刷って出している。

これは、ミ年のヘビイチゴ以来、もう十年つづけているが、さてその題材には年によって豊凶？があり、サル年のサルトリイバラのように、ずるく立ちまわればサルとトリと二年通用（まさか）というもったいないような場合があるかと思うと、今年のように、はなはだ条件のわるいこともある。

ウ年に縁のあるものとして思いうかぶのは、せいぜい、ウサギシダ、ウサギギク、ウツギ（ウの花）ぐらいで、このなかからということになると、図がらの問題とわたしの刻版技術上の制約とのはさみ打ちになって、とても自信がない。」

佐藤氏の二本立て案はS教授的悩みの一つの解決法だと感心した。佐藤達夫氏は人も知る人事院総裁でかつての法制局長官でもあるが、植物との付き合いは法律との付き合いよりももう少し長いというアマチュア植物学界の長老である。ところで柳田国男氏の『野草雑記』に植物の方言の話が出ているが、方言ならばウサギの名の付いたものがいくつもあるらしい。ウサギグサという名は所によってアザミのことを言い、また所によってはオオバコをそう呼ぶそうだ。また、春の七草の中に入っているホウコグサ（オギョウ、またはゴギョウ）を静岡地方では「鼠の耳」または「兎の耳」などと呼ぶらしい。佐藤博士もこういう草を版に彫られたらよかったのである。

さて今回は正月七日の春の七草を取り上げてみよう。正月七日の若菜摘みと言えばまず引き合いに出されるのは清少納言の『枕草子』である。七日の用意にと六日から皆が大騒ぎをして若菜を摘んできた中に知らないのがあったから、採ってきた子供に聞いたらなかなか言わなかったが、やっとミミナグサと答えた。なるほど、耳がなければなかなか返事をしなかったのも無理はない、という話である。この才女一流の口合いに過ぎないが、これによると十一世紀の初めの頃は、春の初めの若菜の粥に使う植物は格別に何々と定めてはなかったものとみえる。

現在の七草、セリ、ナズナ、オギョウ、ハコベラ、ホトケノザ、スズナ、スズシロというのは鎌倉時代の随筆に出ているそうで、口調もよいし、十三世紀のその頃から今に至るまで言い継がれてきたのだろう。しかし、実際に七草粥に使うのは地方により時代によりかなり違うらしい。

そもそも歴史に現れた最も古い七草粥の記録は宮中で正月十五日の供御《くご》に奉ったものので、その内容はとんでもなく違っていて、米、粟、きび、ひえ、みの、胡麻、小豆の七種であったという。米や粟はご承知の通りだがこの中にでてくる「みの」というのがちょっと問題である。

篁子と書いて「みの」と読む。ミノゴメともいう。牧野富太郎氏によればミノゴメは小野蘭山の著書に誤って書かれたために長い間学者に誤りが称せられていたが、現在ムツオレグサと呼ばれているのが正品で、蘭山が誤ってミノゴメと称したものには新しくカズノコグサの名を与えた。このカズノコグサは春先の田にいくらでも生えており、ちょっと目立つ姿をしているから誰でも知っているだろう。

本当のミノゴメ即ちムツオレグサの方も田や溝の中に生え、夏の内に種子から芽を出し、秋に段々生長し、冬になっても枯れず生長を続け遂に春になって花穂を出し、結実する。この実は四月に熟し緑色の細長い米を生じ食うことができるという。特に獣肉の毒を消すというので屠者（畜殺業）が食用にしたものという。七種粥の中にこんな雑草のようなものが入っているのは、これが日本の古い風習に始まったことを証明するもので、七草の行事が世間でいわれるような中国伝来のものでないことが分かる、と西角井正慶博士（国学院大学）は強調している。

延喜式の七種粥はともかく、今の七草粥は初春の子《ね》の日の若菜摘みとも関連して、春の初めに雪の下から掘り起こした柔らかい嫩《わか》い植物を食用にする風習に基づくものだが、ここで牧野氏の正品春の七草を紹介しなければならない。前に揚げた七種の内スズナはカブのことであり、スズシロはダイコンのことで、いずれも野菜になっているからここでは説明しない。

セリは流れの傍らや湿地に生え、秋、匐枝の節から新苗を生じ、春には盛んに新葉を出す。夏になると高く茎が直立して繖《さん》形《けい》花序の白い花をつける。葉にはよい香りがある。

ナズナはご承知のペンペングサである。秋、種子から生じて、今頃（一月）は畑や路傍で冬の寒気にもめげず、地面に平らにはりついたようになって、切れ込みの深い葉を四方に拡げている。花が散ると三角形の実がなる。これが三味線の撥《ばち》に似ているところから草の長《た》けたのをペンペングサという。シャミセン草、シャミセンコ、ネコノシャミセン、キツネノシャミセンなどいろいろの名があるらしい。奥州津軽ではスズメノダラコというそうだ。ダラコというのは巾着のことなのである。

属は違うが同じナズナの名で呼ばれるものにニワナズナというのがある。ナズナは全くの雑草だがこの方は花壇に作られて通常アリッサムという属名で呼ばれている。花は大したことはないが良い香りがある。私の父が長い軍人生活を終えて退隠したのは一九二二年だが、その当時大正天皇は既に病気が大分進んでおられ、その前年に後の昭和天皇を摂政として万機を譲られた後であったが、父がお訣れのために宮中に参内した時、よく聞き取り兼ねる言葉で「植木を持てるか」と仰せられて頂戴したのがこのアリッサムの鉢であった。父は天皇が手ずから賜ったのを光栄として特別のガラス箱を作ってそれに鉢を納め、応接間に飾っていたが、この方は間もなく枯れ、それから株分けしたアリッサムが土地に適したものか大変よく繁殖して福岡の住居の庭の至る所に拡がり、人にも随分分けたらしいが、父の歿後急に影をひそめてしまったのは不思議である。

アリッサムというのはリッサ即ち狂犬病という言葉から出た名で、リッサに対抗するものという意味である。この種類の植物が狂犬病に対して治効があると信ぜられていたのである。

ナズナは「七草なずな」といわれて七草の代表者のように扱われ、この草を入れて粥をたけば、他の物は入れなくてもよいのだという地方もあるらしいが、食べてあまり旨いものではないようだ。

オギョウの本名はホウコグサである。母子草などとも書いたりするがハハコではなく、原を指す古い言葉のホウコがその名の起こりだそうだ。秋に種子から生じて茎が分かれ、短く地上に拡がりたくさんの葉をつける。葉は狭長で質は薄く白い柔らかい綿毛が一面に生えていて白く見える。春から夏の初めにかけて茎が十～三十センチも立って、黄色い小頭状花がビッシリ固まって着く。昔は旧暦三月三日の草餅にはこの草を入れてついたが、後には緑色が薄いのと、ヨモギの方が大量に手に入るので、草餅を作るのは専らヨモギを代用するようになってしまった。徳島の祖谷《いや》ではこれをホウベラというそうだが、柳田国男氏はこの名から春の七草のハコベラはこの草であったことが想像されると述べているが、どんなものだろうか。

ハコベラは今のハコベである。秋、種子から生え、冬を越して、春になると繁茂して白い小さな花をつける。花弁は五枚だが深く二つに裂けていて十弁のように見える。カナリヤの餌にするしヒヨコにも食べさせるが、人間が食ってもなかなか風味があるらしい。

コハコベというのは葉が小さく尖り、全体に緑色が勝っている。欧州原産の帰化植物である。

最後のホトケノザについては牧野氏が何度も詳しく論じている。現在ホトケノザと呼ばれている唇形科の植物があって、多くの植物が色褪せて小さくなっている厳寒の今日この頃、圃《はたけ》の隅などに密生して元気に葉をつけている。これは厭な味の植物でとても食えたものではないそうだ。従って春の七草のホトケノザはこれではない。牧野氏は菊科のタビラコ、従来称せられたコオニタビラコというのが春の七草のホトケノザだといっている。これは田や畑に平らにへばりついて円座のような形になっている。それで仏様の座る蓮華のようだから「仏の座」と呼んだものだろうと言う。これは諸所で食用にしている。春になると多数の花梗を出し小さな頭状花をたくさんつけて真っ黄色になる、と述べているので、私も病院付近の田圃や畑で姿が見られないかと思って、当地で植物に詳しい木村晴夫氏に教えを乞うたところ、タビラコは四国地方には非常に少なくて、なかなか見付からない。その代わりオニタビラコ及びヤブタビラコが勢力があるという話であった。従って私はまだ実物を見ていない。

なお、タビラコという植物はムラサキ科にもある。路傍に普通に見る雑草で春になると長く伸びた花穂にうす青色の小さな花を総状につける。その花のついた穂の先がまるく蠍《さそり》の尾のように巻き、花が咲くに連れ伸びてくる。牧野氏は混乱を防ぐためこれにはキウリグサという別の名を付けた。この植物も寒い時期には路傍や畑に円座のように平らにはりついている。いわゆるロゼット型である。その姿を見ると田平子と呼ばれた理由が分かるように思う。

花月記　二月

牧野富太郎氏の思い付きは気宇壮大、極めて大がかりなものが多い。手頃な火山を一つ選んで、頂上から下まで断ち割って、火山の内部が見えるようにすれば、世界的な名所になるだろうという案だとか、東京中に桜を植えて、春になったら一面桜の中から高い建物だけが浮かび上がるようにする案だとか、すこぶる雄大である。

中でも実現性の高いと思われるものに〝熱海の繁栄策〟というのがある。その策というのはカンザクラの苗を千本くらい適当に植え、次に緋カンザクラを同様に植える。そうするとこの両種とも熱海のような暖地では一月頃から開花し、しかも紅白咲き分けになるので「ソラ熱海のサクラの花見に行けとて押し掛けるワ掛けるワ、汽車はいつも満員であろう。……これは言うべくして容易に行うことのできる何でもない事柄であるから、私は同地の繁栄のため早くこの二つの赤、白サクラを栽えられんことをお奨めして止まない。マーやって御覧なさい。」（牧野富太郎『花物語　続植物記』「寒桜の話」）とある。熱海は咲き分けの桜を待たずして今は大繁盛だし、汽車もこれ以上満員となっては困るだろうが、実に美しいプランではないか。

カンザクラ（寒桜）というのは彼岸桜に先立って二月には花が咲くのだそうで、以前上野公園内の博物館の門を入った所にあったと書いてある（前掲書）。ヒカンザクラ（緋寒桜）というのは台湾に野生し、琉球や南九州にも植えられており、これも二月頃に満開となる。桃の花より濃い紅色で、花が正開せず、半開の姿になるのが特徴だという。

牧野氏はこういう計画を単に口で言うだけでなく、いろいろな形で実現に努めた。カンザクラの接木を作って殖やそうと試みたり、東北地方の山に多いオオヤマザクラ（別名・紅山桜）の苗木を北海道から自費で百本取り寄せて博物館に寄付し、公園を飾ることを計画したり（一九一九年）、ソメイヨシノの苗を高知の五台山や郷里の佐川町に送って植えさせたりしている（一九〇二年）。

ソメイヨシノの名は誰の耳にも親しい。新しい花の名所はたいていこの桜だし、また最近全国の郷土の花を定めた時に、東京都の花にはこれが選ばれた。

さて、このソメイヨシノはいつどこから現れて誰が名づけたのであろう。ソメイヨシノは吉野とは呼ばれていても、大和の吉野山の桜とは違う。吉野山のはヤマザクラである。ソメイヨシノは幕末から明治の初め頃、東京に現れ、初め園芸家仲間では単に吉野桜と呼ばれたが、後に本当の吉野山の桜と紛らわしいので、区別するために染井という地名を冠したものである。

名付け親は初め知られず、染井あたりの植木屋から来たので、誰言うともなく汎称されたものと考えられたが、実は明治年間に博物局天産部（現在の国立科学博物館の前身）に勤め、一九二六年七十九歳で死去した横浜の藤野寄命《きめい》氏がその命名者であることが牧野氏によって紹介された。

それによると藤野氏は一八八五、六両年に亘り上野の桜花を調査し、その結果をとりまとめて一八九一年『上野公園ノ桜花ノ種類』という調査報告を作製。その中に三種類の桜を分けて甲ヒガンザクラ、乙ヤマザクラ、丙ソメイヨシノとして詳しく記載したが、不幸にしてこの論文は永く発表の機会がなく、一九〇〇年にいたって、牧野氏の斡旋で『日本園芸会雑誌』第九十二号に登載された。即ちこの名が公表されたのは一九〇〇年であるが、氏の報告は早くできていたので、氏の呼んだソメイヨシノの名も専門家やその周囲の人々の間では早くから行われていたものと思われる。そして命名者を知らずにこの種の桜の一般名として用いた人も多かったのであろう。

「此ノ染井吉野ノ名ヲ付セシハ其当時精養軒前通リ辺ニ栽植ノ該樹ハ近年移植ノモノナレバ孰《いず》レヨリ来リシカ園丁掛小島某氏ニ尋ネシニ多クハ染井辺ヨリ来ルト申セシコト故仮ニ名ヅケシナリ」

と牧野氏宛ての藤野氏の書簡にある由で、命名の由来はこれで明らかである。染井とは東京巣鴨近くの地名で、植木屋の多い所であったが、殊に桜の園芸品種がたくさんあったことは確かで、尾崎咢堂が東京市長の時ワシントンへ贈った桜もここで整えたのだという。

その後、ソメイヨシノは松村任三博士によって研究され、一九〇一年 Prunus yedoensis, Matsum. という新学名を付して発表された。江戸の桜という意味である。しかし染井の植木屋がこの桜をいかなる経路で持ってきたものか、あるいは作り出し

郵便はがき

料金受取人払郵便

新宿局承認

2524

差出有効期間
2025年3月
31日まで
(切手不要)

160-8791

141

東京都新宿区新宿1－10－1

(株)文芸社

愛読者カード係 行

お名前《ふりがな》			明治 大正 昭和 平成	年生 歳
ご住所《ふりがな》	□□□-□□□□			性別 男・女
お電話 番 号	(書籍ご注文の際に必要です)	ご職業		
E-mail				
ご購読雑誌(複数可)			ご購読新聞 新聞	

最近読んでおもしろかった本や今後、とりあげてほしいテーマをお教えください。

ご自分の研究成果や経験、お考え等を出版してみたいというお気持ちはありますか。

ある　　ない　　内容・テーマ(　　　　　　　　　　)

現在完成した作品をお持ちですか。

ある　　ない　　ジャンル・原稿量(　　　　　　　　　　)

書　名			
お買上 書　店	都道　　　　市区 府県　　　　郡	書店名 ご購入日	書店 年　　月　　日

本書をどこでお知りになりましたか?

1.書店店頭　2.知人にすすめられて　3.インターネット(サイト名　　　　　　)

4.DMハガキ　5.広告、記事を見て(新聞、雑誌名　　　　　　)

上の質問に関連して、ご購入の決め手となったのは?

1.タイトル　2.著者　3.内容　4.カバーデザイン　5.帯

その他ご自由にお書きください。

(　　　　　　　　　　　　　　　　)

本書についてのご意見、ご感想をお聞かせください。

①内容について

②カバー、タイトル、帯について

弊社Webサイトからもご意見、ご感想をお寄せいただけます。

ご協力ありがとうございました。

※お寄せいただいたご意見、ご感想は新聞広告等で匿名にて使わせていただくことがあります。

※お客様の個人情報は、小社からの連絡のみに使用します。社外に提供することは一切ありません。

■書籍のご注文は、お近くの書店または、ブックサービス(0120-29-9625)、セブンネットショッピング(http://7net.omni7.jp/)にお申し込み下さい。

たものか、そのあたりのいきさつはついに詳かでない。最近ではこのソメイヨシノはオオシマザクラとウバヒガンの間種と考えられているようだ。

ソメイヨシノはヤマザクラに較べて花の色が濃く、花がたくさん付くし、その上、山桜が斜上に生長するのに対して、横に横に広がる性質を持っているので、咲いた時に大変賑やかで、都会の観賞用に適している。

牧野氏が夫人に死別して後、その最後まで傍らにあって身の回りの世話をし、仕事の上では優れた助手でもあった愛嬢牧野鶴代さんの書かれた「病床日誌」に次のような一節がある。

「……その後、春も酣《たけなわ》となり、父が三十年も前に植えた桜もほころび始めた。彼岸桜、染井吉野、次は山桜。殊に父は山桜が好きで、この庭の中に山桜が十本以上大木となって花が美しく咲く。快い日に例によって少し縁に出て、一生懸命望遠鏡で高い木の桜を見て喜んだ。そして紙に鉛筆で句を作った。

麗らかな春の日に咲く桜花
春の日の花は桜に限りけり

梅桃李咲きおとりする」

これは一九五五年の春のことで、数え年でいえば九十四歳となる。その前年の暮までは、大抵夜の二時三時まで著述にはげみ、時には徹夜さえしたというが、十二月感冒に罹り発熱して後、衰弱強く、病床生活に入られて後のことである。

牧野氏は全ての植物を愛されたが、桜に対してはまた格別であったらしく、一九四一年五月、満鉄から吉林省の桜を調査してもらうため招待があった時には、その前年秋、九州犬ケ岳で採集の際に背に瀕死の重傷を受けて、三ヵ月の療養生活の後、帰京してまだ間のない頃でもあり、周囲の人が心配して止めるのを押して満州旅行を敢行した。鶴代さんが帯同した四十五日の旅行の成果は素晴らしく、採集した標本は五千点、柳行李八個の大荷物となった。たびたび年齢のことを言うが、この時既に八十歳だったわけである。調査旅行を終わって吉林省を去る時、離れ難い思いで次の歌を作った。

老爺嶺《ろうやれい》今日ぞ桜の見納めと
涙に曇るわが思いかな

旅行の出発に際して神戸で西村旅館に一泊、好物の神戸名物の牛肉に舌鼓を打ち、五月二日出帆の黒龍丸で大陸に向かったとあるが、この神戸海岸通りの旅館主西村貫一氏夫妻は、牧野氏が池長植物研究所設立の後、毎月一回西下して植物に関する講話をし植物趣味の鼓吹につとめて以来、その縁で牧野氏を深く尊敬、宿泊の際は必ず最上等の室、最上等の牛肉で歓待したということである。

牛肉と言えば牧野氏は目がなかったらしく、『我が思ひ出　牧野富太郎〈遺稿〉』の中に「私の好きな牛肉」と題する次のような一文がある。

「牛肉なら、百目は、愚ろか、二百目でも応来と、一度で平げて仕舞ふ、……中略……長生きを為ようと思へば、余り牛肉を食つては、いけ無い、其の代り、野菜を、うんと食へと、諭とされたが、元来、牛肉好きの私は、之に反逆して、博士の諭言に背き、相変らず、続けて肉を啖つて居る、……中略……極上等なビフテキは天下一の味で在り、亦た、スキ焼きも、決して、悪くはない。……中略……私は、能く、鮮肉を、食つた事が在つた、即ち、醤油を、附けて食ふので在る。……中略……私は、良好な醤油と、砂糖とを使つて、美味な汁を用意し、其の汁を、牛鍋へ入れ、煮え立つて来た処へ、分厚つに切つて……中略……急いで上を下へと、返へし、其の肉の、表面が、少しく煮えて、色が変つた場合を、見計らい、之を、食ふのが、一番美味で在る、……中略……私は、今ま京都から流行つて来て、東京で、スキ焼きと唱へて、食はして居る所ろの、薄く切つた肉と、野菜や、豆腐や、白タキなどを、一緒に混じ、煮た者は、好か無い、……中略……先づ第一、牛肉が可愛想だ。」

ヒガンザクラ

春立って日を経た今日この頃、あまり相応しい言葉ではないが、一日千秋という思いで待っていることがある。その一つは病院の南庭に植えてある桜桃の開花と、もう一つは元日桜がいつ咲くかということである。

「元日桜」というのは、徳島県庁の北側、玄関の右手前にあるヒガンザクラである。現在の県庁が一九三〇年に今の場所に新築されるまでの県庁は、旧蜂須賀藩の家老賀島氏の邸にあったそうだが、この桜は当時からその門内にあり、県庁の移転について移植されたものだそうで、樹齢は多分百年を越えるという。旧県庁の頃は樹勢も盛んで、旧暦元日頃に花をつけることで有名で、名前もそれによって付けられたらしい。移植後、庁舎の北側で日当たりが悪いせいか頓《とみ》に勢いがなくなり、枯死するかと思われたが、いろいろ手を尽くしている内に別に下枝が伸びて、どうやら勢いづき現在の姿になった。最近では花をつけるのは早い年で二月末、今年のように寒さが厳しいと三月になると思われる。いつヒガンザクラ特有の美しい花を見せるか、楽しみなのである。

ヒガンザクラは他の桜に先立って咲くので、花の名所と言われる所で特に一本だけはこの樹を置いてある所が諸所にあるが、九州では庭木にしている家も多く、農家等では梅や桃と一緒に植えてある所がたくさんある。

私には姉が一人あるが、この姉が陸大出の秀才であった義兄F氏に嫁したのは、私が福岡の高等学校の学生だった頃である。義兄の生家は福岡県内の筑後川の北岸朝倉郡にあるが、姉夫婦は軍人のこととて遠い任地におり、盆暮その他、事ある時に父の代わりに出向いて、先方の親御やたくさんの兄弟姉妹に挨拶するのは大抵当時は学生であった私の役目になった。行けば、田舎の大きな農家のことだから接待も万事ゆっくりして且つ盛大である。必ず夜になって、広い座敷に一泊し、翌日はいろいろな答礼の品物を頂戴して、福岡まで三、四時間の道を帰るのである。

一度筑後川で捕れた生きた鯉をもらったことがある。藁苞《わらづと》にしっかり包んでもらったのは良いのだが、帰る途中で苞が緩んで中から元気の良い鯉が路上に飛び出して跳ね回った。四十年昔の話で説明しないと分からないが、道の真ん中に狭いレールが敷いてあって、気動車（今のディーゼルカーとは全く別物である）という玩具のような汽車がゴトゴトと走るようになっている。鯉はちょうどその気動車を待っている間に飛び出しレールの上で跳ねているのである。鯉を捕らえようとするが鱗がヌルヌルしてなかなか捕まるものではない。そのうち汽車がだんだん近づいてくる。散々跳ねて砂まみれになった所をやっと掴んで藁の中に不器用に押し込むまでの間、汽車は傍まで来て待っていてくれた。待っていてくれぬと困るので、私もその玩具のような汽車に乗って帰らなければならぬのである。乗客の方もノンビリしたもので、待たされて怒る様子もなく、悠々と一部始終を眺めていて「えらいことじゃったなア」と慰めてくれたり、「こげな立派な鯉は初めてじゃァ」と魚を賞賛するという具合である。

ヒガンザクラの話が横道に入ったが、ある年、多分年始の挨拶であろう。F家に行き、例によって一泊して朝起きて庭を眺めながら、少し蕾をつけかけた樹を「これは何でしょう」と尋ねたものだ。父君はもう早くから起きて庭で何かと仕事をしておられたのである。「これはサクラだがもうすぐに花が咲く。木は小さいが花が綺麗で早く咲く」まではよかったのだが、この父君は大変気の良い人で、「そうだそうだ、小さな物だしちょうどよい。是非持って帰ってもらおう」と言うや否や、すぐに鍬を持ってきて掘り始めた。せっかくの好意である。辞退するわけにもいかぬ。高さ一・五メートル余り、根をこもで包んだ大荷物を、担いだり、提げてみたり、つまらんことを尋ねたのを後悔したり。苦心してやっと福岡の家に運び込んだが、これが幸いに根付いて、その後次第に生長して三メートル余りに伸び、年毎に春に先駆けて紅色の美しい花をつけるようになった。苦労の甲斐があったというものである。

後年、ヒガンザクラと言われているものに二種あって、関東と関西のものは種類が違い、関西のものは小型で高さはせいぜい三、四メートル、葉に先立って美しい花をつけるということを学んで、あれこそこのヒガンザクラだったと知った次第である。

この樹はまだ福岡の家にあるかと思うが、戦後いろいろな人が出入りしていた頃にお節介なのがいて、植木屋の真似をして随分枝を切ったというから、あるいは枯れてしまったかもしれない。早春に福岡を訪ねる機会は絶えて久しくないので、花にも長く会わず、その消息も知らないのである。

ついでに関東に多いヒガンザクラのことを記すと、これは関西のものと違って二十メートルにも達する巨樹となるが、花はむしろ関西のヒガンザクラに較べて小さい。この両種を区別するために関東のものをウバヒガン（あるいはエドヒガン、またはアズマヒガン）と呼ぶ。岩手県盛岡市の裁判所構内にある有名な石割桜はこの種類である。

ウバヒガンの中で枝の垂れるものがシダレザクラまたはイトザクラである。シダレザクラは信州から中部、近畿地方に多く、夜桜で知られた京都円山の絲桜は殊に有名である。

次に病院の庭にある桜桃のことに移ろう。もともとこの病院のある所は、以前には工場であった。敷地は約一万坪あって構内には大きな桜の木が二、三十本もあったらしい。それが終戦前後の燃料不足の時代に一本残らず伐られてしまったというから痛ましい。

　そういうわけでこの土地は桜の成育に適していることは間違いない。いずれは桜の苗木を植え込んで昔の盛観を取り戻したいのだが、今のところあるのは病院開設後に植えた僅か三本に過ぎない。しかもその内の二本は桜とはいうものの桜桃である。桜桃は実を採る桜であるが、鳴門から移し植えたこの桜は、この四年間一向に花を見せず、従って実もならない。鳴門の頃は年々枝にビッシリと花をつけ、花の後、果物屋のサクランボには及ばないが、一センチに余る大きさの実をつけて子供達を楽しませたものである。五年目の今年はどうやら花をつけそうなので楽しみなのだ。

　牧野氏によると、この桜桃は中国原産で、明治十年前後に日本に輸入され、勧業課あたりが世話して苗を頒《わ》けて奨励した物らしいが、実が少ないためかだんだん流行らなくなり、その上西洋種の優秀なサクランボが東北地方で栽培されるようになって、ほとんど姿を消してしまった。ところがどういうものか徳島県の鳴門にはこれがチョイチョイあるのである。樹は灌木状だが今は高さ二メートルほどになっており、幹の所々に疣状《いぼじょう》に気根が出ている。これがこの樹の特徴で、この気根を付けたまま枝を挿せばよくつくという話だが、まだ試みたことはない。

かつて日本の桜、ヤマザクラ及びサトザクラの学名としてPrunus pseudo-cerasus, Lindl. が採用されていたことがあったが、それが誤用で、この学名はこの桜桃に当てるべきものだということを明らかにしたのは小泉源一博士であった。桜桃の和名はシナミザクラで、果物屋の店頭に出るサクランボのなるセイヨウミザクラとは別種のものである。

以上は牧野氏の旧著によったが、鳴門市在住の果樹園芸の権威黒上泰治博士の教示によると、この桜桃は学名P. pauciflora, Bunge、別名ミザクラ、カラミザクラで、開花が早いため早咲きの桜花として花屋の店頭に現れており、早期開花する上に異品種の混植による他家授粉がないため、結実の不良のものが多い。牧野氏はこれにP. pseudo-cerasus の学名を当てたが、これはシロハナカラミザクラという別種のものであることを中井猛之進博士が述べている由で、なお、中国桜桃は前漢時代（206BC―8AD）から桜桃（Ying-tao）の名で宮廷の果木として特に重要視されていたという。

花月記　三月

牧野富太郎氏の旧蔵書四万五千冊を分類収納する牧野文庫がこの間（一九六三年）完成し、その落成祝賀式が行われた。

〝よさこい節〟で知られた南国土佐の高知市は、そのふところに浦戸湾を抱いた美しい町である。高知の市街を抜けて海岸を北に行き、浦戸湾を跨ぐ長さ四百七十メートルの青柳橋を東に渡ると、ここが五台山である。聖武天皇の昔、勅命を受けた僧行基が帝の夢の中に現れた霊地を探して全国行脚の後、この土地に来てその美しさに心を惹かれて竹林寺を建立し、帝の霊夢に因んで唐の五台山の名を取ってここをそう呼んだという。神亀元年（七二四年）のことで、今から千二百年余も前である。その後、弘法大師もここにいたことがあり、四国三十一番の霊場とされ、また傑僧夢窓国師の作庭といわれる庭園もある。

私は秋の終わりの一日、真紅に紅葉したナンキンハゼの〝もみじあかり〟に輝く山道を回り上って、この竹林寺の傍らにある牧野植物園を訪ねた。五台山一帯の地を大植物園としたいというのは牧野富太郎氏生前の大きな夢の一つであったが、一九五一年頃から次第に具体化し、一九五六年植物園設立期成会ができ、植物園の名も氏を記念し牧野植物園と呼ぶことになった。牧野氏の元の計画では南国植物園、または高知植物園という名であったらしい。期成会が高知県、市、及びバス会社に呼び掛けて出資を求め、学生生徒の拠金を集めて、総額九百万円の資金で、一九五八年四月開園の運びとなったが、残念なことに、その時は既に牧野氏逝去の後であった。その後県に移管し、一九六〇年には大温室が出来上がり、次第に植物園としての内容を充実した。そして今回この植物園の中に牧野文庫が完成されたのは、画龍点睛ということであろうか。

言うまでもないが、何もない所からこれだけのものを造り上げる苦労は並大抵のものではない。それも豊富な資力を持った観光会社あたりが遊園地などを造るのと違って、これはほとんど一私人の計画と努力の結晶であった。牧野富太郎氏を敬慕し、その念願を具現化するため、惨澹たる苦心の十余年を捧げた人で、それは武井近三郎氏である。植物園設立期成会が出来上がった時、肝心な植物の買い入れに使うことのできる金は僅かに二十万円に過ぎなかった。あとは武井氏がリュックサックを背にして各地を歩き回り、自分の手で集めたものであり、また他の植物園から寄贈を受けたり、あるいは交換によって次第に数を増してきたものである。ちょうど整理中でゴッタ返していた牧野記念館の階下の粗末な事務室で、陽の明るい戸外から急にうす暗い室の中に入ったために、底冷えのするような身体のふるえを感じながら、武井氏の淡々と語る当時の話を聞いたのを思い出す。現在県立になったとは言っても、そんなに多くの予算が取れるわけではない。武井氏の苦労は今後も長く続くのであろう。

土地の広さは三千余坪、牧野氏がはじめ考えた雄大な大植物園には程遠いであろうが、年間利用者十五万人で、高知に修学旅行に来る学生は必ずここに立ち寄って見学することになっているのは嬉しい。他の土地で、植物園が観光コースに入っている所は、あまり聞いたことがない。

ＮＨＫのテレビ番組でも紹介されたが、ここの大温室は素晴らしい。アマゾンのオオオニバス Victoria regia はあまりにも名高い。珍しい形のウツボカズラ、これは食虫植物だが、その属名が Nepenthes（憂いがない）となっているのは、虫にとって極楽往生の所というわけか、ちょっと皮肉な名である。

ここの温室にはブッソウゲ（ハイビスカス）のいろいろな種類がある。これはハワイで首にかけるレイにする花だが、沖縄の那覇では街路樹になっているのを見たことがある。ハナアオイやムクゲなどと同じ種類だが、雄しべが紅色で長く突き出し、その半ばあたりから先の方は多数に分かれ、さらにその先に雌しべが突出して、花柱の先は五つに分かれている。いかにも中国の庭園にありそうな変わった花である。

マツリカは茉莉花などと書くが香料のジャスミン。インドジャボクは高血圧の薬で近頃は貴重な精神病治療薬ともなった。南島の話になると必ず出てくるブーゲンビリア、この花のように見える紅色は蕚《がく》である。

温室の植物はもともと栽培されているわけだが、この五台山一帯はいろいろな野生の植物にも恵まれており、コウチムラサキのような珍しいものもある。元来高知県そのものがすこぶる植物の多い言わば植物の宝庫であり、この土地に稀世の植物学者牧野富太郎が生まれたのも、決して理由のないことではなかったのである。

モモ

「今からちょうど十年前の、春のある日の明るい午前に、私はフィレンツェの画廊を行き廻って、あの有名なボティチェリの、海の姫神の絵の前に立っていた。そうしていずれの時かわが日《ひ》の本《もと》の故国においても、「桃太郎の誕生」が新たなる一つの問題として回顧せられるであろうことを考えて、ひとり快い真昼の夢を見たのであった」柳田国男氏はその名著『桃太郎の誕生』の序文にこう書いているが、水の上を流れ来る貴御子《うづみこ》の桃太郎が、私の極めて幼い日の記憶の中でも、明るく輝く河の流れと結びついているのはいかにも嬉しい。

それは私の生涯のほとんど最初の記憶に近いのではなかろうか。満四歳になって間もなく、名古屋から京都の伏見に転居したのは多分初夏だと思う。というのは、私の姉が、この引越しの時の思い出を女学校の作文に「夜汽車の窓から無数の蛍が一面に飛び交うのを見た」と書いたのを、国語の先生から泉鏡花の文章のようだと批評されたのを覚えているからだ。その初夏の朝、到着した新しい家は宇治川の岸に近く、二階からは目の下に観月橋と、ひろびろと流れる河面、それに川を下ってくる数え切れないほどの帆舟、逆にゆっくりと流れを遡る外輪船（外側に水車のような大きな車輪をつけて水をかいて行く船のこと）、それらが行き交う川の流れの彼方にもう一つ鏡のように光る水面がある。幼い私には、背伸びをした僅かのはずみにそれがキラリと光るのが見える。それが巨椋池《おぐらのいけ》であった。その広々とした水景の、川上の明るい空の下から桃太郎が来るというのが、最初の朝に教えられたことであった。木曽川の桃太郎伝説は大人になって後に知ったが、宇治、瀬田、淀川のあたりにもやはりそんな伝説があるのかどうか、今も私は知らないが、桃山を背にした伏見の里を流れるこの川は、桃太郎の寄り来る水の道として、ふさわしくないこともない。

年代をいえば一九一三年（大正二年）、ちょうど明治大帝の諒闇《りょうあん》の時であり（諒闇というのは天皇崩後一年、国民が喪に服する期間）、この伏見桃山の土地では明治天皇を葬る桃山御陵が激しい苦役と奉仕とによって造営されつつあった。京阪電車の宇治線というのが開通したのもこの頃で、毎日毎日トロッコを押して線路工事をしていた工夫達の姿が夢のように記憶にある。

秀吉好みの豪華な絵画工芸が、桃山時代の美術として一時代を画するほど桃山と秀吉との関係は深いが、足利将軍の伏見山城《ふしみさんじょう》の地に、豊太閤が壮大な伏見城を築いたのは文禄年間、十六世紀の終わりで、ここに淀君の生んだ秀頼を居らしめ、自分は聚楽第に住んだ。伏見築城に伴い河川の改修が行われ、市街地が整理され、南組本町十六町、北組本町十二町の城下町は殷盛を極めた。間もなく秀吉が薨じ、徳川家康の手に移り、関が原の戦では鳥居元忠がここで孤塁を守って健闘したので名高いが、大坂の陣が終わると、その重要性がなくなったのか、一六二三年（元和九年）徳川氏の手によって毀され、廃城となった。その荒廃した城跡の地にたくさんの桃を植えたのが、桃山の名の起こりだという。即ち桃山の誕生は豊公歿後半世紀も後のことで、美術史上に桃山時代といい、あるいはこの城を桃山城と呼ぶのは全く珍しい話である。

さてモモであるが、この病院にある一株の桃は病院誕生の前からこの土地にあった数少ない樹の一つである。今年も彼岸前から咲きはじめ、四月半ばまで二十日余り咲き続けた。モモとサクラを並べて見る時、サクラの方が優美に見えるのはなぜであろうか。モモが花梗が短くて枝に密着して咲くのに対して、サクラは花梗が長くて微風にもゆらぎやすい、それが可憐、優婉な感じを与えるのではないかと思う。同じサクラでもカラミザクラなどは、やはり花梗が短くて枝に密着するためか、遠望すると紙で作った造花のように趣に乏しい。

モモはしかし昔から人々に愛されている。中国の西王母の伝説や武陵桃源を持ち出すまでもなく、日本でも古代から存在して、縄文土器の中にもこれが発見されたというが、これは当然食用としたものであろうか。物語では冒頭の桃太郎よりも遙かに古く、古事記の中にイザナギノミコトの話がある。イザナギが、亡くなったイザナミノミコトを黄泉の国に訪ねた時、イザナミが自分の醜い姿をのぞき見されたのを怒って、シコメを使ってイザナギを追わせた。その時、イザナギははじめは櫛の歯を欠いて投げて筍とし、あるいは頭に巻いた玉をなげてエビズル（葡萄）とし、シコメがそれを食う間に時をかせいで逃げたが、いよいよ追いつかれそうになった時、黄泉比良坂の桃の実をとって投げたところ、醜鬼どもは恐れをなして逃げ去ったという話である。

桃が邪気を祓うという考え方が古くからあったのである。

泉鏡花の『高野聖』の中に、山中の孤《ひと》つ家に迷い込んだ行脚僧が、美しい女に案内されて川で行水し、さらに女が衣類を投げすて、白身となって身体を洗う場面がある。ここでムラムラと邪心を起こすと、たちまち男はこの美しい魔女の術にかかって四足獣やひきがえる、こうもりに変えられてしまうのだが、女が「こんなお転婆をして、私が流れに落ちて里まで流れ出たら人は何と思いましょう」と問うた時、行脚僧は「白桃の花と思いましょう」と答えたのである。僧も幾度かこの女に迷うのだが、結局何の異変もなく無事に助かって里に出ることができたのは、あるいはこの「白桃」という言葉の功徳であったのではないかと私は思っている。桃が魔よけとなったのであろう。

モモという言葉であるが、むかしは大きな核を持つ果物をすべてそう呼び、従って今のヤマモモがそう呼ばれることが多かった。後になって現在の桃にこの言葉が固定したという。ヤマモモはＮＨＫの選定で高知の〝郷土の植物〟に選ばれており、牧野富太郎氏が頗る愛した果物である。

花月記　四月

牧野富太郎氏は一八六二年（文久二年）四月二十四日、土佐の国高岡郡佐川村に生まれた。詳しく言えば西町組百一番屋敷。この章の「四月」は即ち生まれ月にあたる。松山から国鉄バスで石鎚山の山裾を通り、三坂十里と称せられる三坂峠を南に越えると久万町である。ここで石鎚山系の山懐から流れ出る仁淀川に会し、この川に沿うて南下、県境を越えて越知町に達し、この近くで仁淀川に注ぐ支流の春日川の川沿いに少し遡ると佐川である。高知市からいえば西へ七里ほど離れた山間の地である。藩政時代には山内家の家老深尾氏の知行地で、古くから文教を重んじ、学者を輩出したところ。北には鳥形山、横倉山などの名山があり、川は殊の外美しく、その水は酒造りによいというのでたくさんの酒造家があった。今はことごとく統一されて有名な高知の「司牡丹」になったが、牧野氏の生家も当時は屋号を岸屋と言って、大きな造り酒屋であった。

牧野氏ははじめ誠太郎といったが、数え年四歳の時に父を失い、六歳の時に母も死亡。一八六八年七歳の時には家の大黒柱であった祖父小左衛門も亡くなり、その後は祖母の浪に育てられた。富太郎と改めたのは一八六八年である。幼い時は身体が弱く、痩せて骨ばっていたので友達から「ハタットウ」と呼ばれていた。ハタットウとは土佐の言葉でバッタのことである。

一八七〇年、九歳の時から土居謙護という先生の寺子屋に通って文字を学び、翌年からは、伊藤蘭林塾で漢学を学んだ。この蘭林先生から「淵に臨んで魚を羨まんよりは退いて網を結ぶに如かず」という句を教えられ、感銘を受けて自分の号とした。結網学人というのがそれである。

一八七二年、七代の領主深尾繁寛依頼の由緒を持つ学校『名教館《めいこうかん》』に入った。ここで初めて西洋流の英学、西洋算術、窮理、万国地理、生理等を学んだ。

一八七四年、小学校令によって佐川にも小学校ができた。建物は名教館を使用したが、その教育の内容は今まで学んできたものより遥かに程度の低いものであった。彼は小学校に入ることは入ったが、ここでの楽しみは博物図を見て植物や動物の名を知ることだったという。卒業を待たずに、いつとはなしに退学した。

植物に対する強い興味は既に幼い時からあって、熱心に観察採集した。はじめは町の裏にある金峰神社の山が主な採集地だったが、次第に遠くまで歩き、後には越知村の横倉山にたびたび採集行をした。植物の名を調べるために『本草綱目啓蒙』が欲しくて西村尚貞医師に頼んで所蔵の同書を借り受け筆写したが、これでは物足りなくてさらに町の洋物店に依頼して取り寄せてもらった。

「私が植物の名を覚え実物を識りしことについて此の書に負うところが非常に多い。即ち私の少年時代に在りて植物を覚ゆるそもそもの始めに郷里土佐の佐川町に在りて昼夜絶えず繙いたものはこの書であった。当時私の繙閲したのは重訂本草綱目啓蒙であった。（中略）大阪表へ注文した此の書が私と同町の一洋物店兼書籍店へ届いた時に、私の友人の堀見克禮《かつひろ》君（今大阪医科大学の教授）が私の出先へ走ってきて『重訂啓蒙が来た』と知らしてくれた時の嬉しさは今日でも尚忘れずにありありと覚えて居る」（「植物研究雑誌」二巻三号）とあるが、この『重訂本草綱目啓蒙』は全部で二十巻もある大部のものである。もと小野蘭山の口授した講義録を孫の小野職孝及び門人の岡郁春益氏が、整理刊行した『本草綱目啓蒙』をさらに井口望之が重訂し、一八四七年（弘化四年）の夏に刊行したものである。

十五、六歳頃には丸善から採集用具を取り寄せたり、庭に小さな温室を作ったりした。

一体に新しい物に興味があり、幼時番頭の持っていた大切な時計を珍しがり分解してしまったような話もあるが、断髪の議があると逸早く髪を刈ったりし、ペンシルという珍しいものを手に入れたのもこの土地では一番初めだったらしい。今の鉛筆のことである。

『本草綱目啓蒙』や『救荒本草』『植学啓原』などの書物を相手に、実物の観察を主とし、独学で研究を進めていた彼の植物に関する知識が、急速に進んだのは、一八七九年高知の師範学校に転任してきた永沼小一郎という先生と相識ってからである。永沼氏は丹後の人で、ベントレーの植物書やバルフォアの『クラスブック・オブ・ボタニー』等を翻訳し、すこぶる博学であったから、二人の交際が始まると、一方は書物による系統立った知識を牧野氏に伝え、此方は実地に観察経験して得た知識を永沼氏に与えるという調子で、互いに研鑽しあった。永沼氏は優れた師であり、良き友であったのである。

一九六三年秋、私は佐川の町を訪れたが、川沿いの静かな街の背後には桜の名所となった牧野公園の山があり、いかにも穏やかな所であった。街の中央にある一風変わった建築の青山文庫が好学の土地の伝統を如実に示しており、その収蔵品の立派なのには驚嘆した。この文庫の質素な応接間の壁間に一句が掲げてある。

さくら散る　くさのひじりの　墓どころ

一望の中に佐川の町を見下ろすところ、桜樹の中に牧野氏の分骨を納めた墓所がある。その叙景である。

牧野富太郎氏の植物標本はどれも非常に立派である。これについて『趣味の植物採集』（一九三五年、三省堂）の中に次のような記事があるから引用しよう。

「私は数多い枝の中から、これはと思う完全な枝が見付かるまで、グルグル一本の木の周りを回り、かなりの時間を費やして、人に笑われる事もあるが、その位にしなければ立派な標品は得られぬものである。又、山野で草を採るにも、まずその沢山生えている場所に立って見回し、その中で極めて完全な姿のものを選び採るべきで、この時サア在ったと善い悪いを度外において、何でも構わず急いで採るような軽率さではいけない。私は、永い間、この心掛けが積もって、なるべく立派な完全なものを採る習慣が付き、今日、自慢ではないが、私の標本は完全で、何処へ出しても恥ずかしいものではないと自信し得るようになった。欧米に出してもひけは取らない積もりである。諸君も充分此の点を心掛けて採集せられたい。

折り曲げる時も、よく注意して手際善く折り、これを標品にするときも、はじめ折った通りに姿をよく調えて圧すと佳い標品になる。はじめ折った点を顧みずに更に折ると、折癖がつき、標品となった時見苦しいから注意せねばならない。標品を作るにも、美観ということを考慮することは、すこぶる必要なことである。

私は採集する時、同一の植物でも二十も三十も採集することがある。勇敢に欲張ってむさぼり採る時、同行者が傍らであきれて見ていることもあるが、そんな場合にも、ただガムシャラに採集するのではなく、何百とある植物の中から最も姿の揃うた完全なもの、立派なものを採るのである。標品は同一種のものがいくらあっても困る事はない。むしろ多い程その植物を識得することも深くなり、且つ欧米の学者などと標品の交換をするときにも、多々益々弁ずるのである。特に初歩の人は植物名を尋ねるために、専門家に送って鑑定を乞うこともあるから、少なくとも二個以上は採集しておかねばならぬ。

野外植物の採集会などで私の指導を受ける人は多いけれど、単に植物の名を尋ねるのみで、かかる採集の極意を見習う人が少ないのは、平素すこぶる遺憾に感じているところである。」

春の野草

三月十八日、彼岸の入り。この朝、空は一刷毛はいたように霞み立って、既に春の色だが、地上は真っ白な霜であった。しかし、冷たい霜の間に、いろいろな植物が小さな葉を伸ばし花さえつけ始めているのが見える。

この病院の運動場の敷地は、もとは畑で、甘藍や麦などを作っていたのを買いとったものである。病院のものとなった後も、春先になると、蒔きもせぬ麦が伸び出して、その間にオオイヌノフグリがはびこった。日光を受けると、一斉に空色の小さな花を開くこの植物は、多少異国的な趣もあって、私は大好きだ。

春霜のおく病院近傍の空地を歩いていくと、運動場が整地されてからすっかり影をひそめてしまったこの植物が、白い霜のあいだに点々と姿を見せている。そしてこの小さな植物はもう花期に入っているのである。早春の朝の寒さで、ちょうど蝶が羽をたたんだ形に花弁を閉じているが、朝日を受けた所では、花を開いて、薄青色に藍色の条の入った旗弁が、蝋《ろう》のような光沢を帯びて輝いている。「やはり居たのだな」と声をかけたくなる懐かしさだ。

前々回の春の七草の中で、正品でないとけなしたホ

オオイヌノフグリ

トケノザ（シソ科）も、見ると本当に可愛らしい植物だ。冬の間中、あの独特の円蓋状の葉をつけた細い茎を、いかにも寒さに耐えているというような、精一杯の姿勢でもたげていたが、この頃では葉の色も何となく柔らかみが出てきた。それに、丸い葉の間に、やっと目に止まるほどの小さな赤い点がいくつか数えられるようになった。蕾なのである。陽のよく当たる所でよく育ったものでは、この蕾が小さいながら特有の拳形になって、輪状に茎を取り巻いているのが分かる。その濃い紅色はいかにも艶である。もう暫くするとこれがさらに伸びて、茎の頂に、小さな角のように突き出るはずである。くちびる形の花の下側の弁が少し色褪せて、そこに濃紅のビューティ・スポットが点々と見られるのは、天平の昔の美女が頬や額につけた花鈿《かでん》を思わせて可愛らしい。

小さな植物達を見て、彼等に追い立てられるような気持ちで、病院の野草採集会を再開することにした。この採集会というのは、入院患者の院外散歩をかねて、路傍の植物の名前や生態を勉強しようという趣旨で、去る一月三十一日に第一回を行ったものである。一体こんな企てが、植物などにあまり興味もなさそうな入院患者に歓迎されるかどうか、はじめはちょっと気になったのだが、幸いにも、中学の校長さんで植物に精通した木村晴夫先生という素晴らしい指導者を得たお陰で、皆喜んでくれるし、私も新しい知識を与えられて、今後の続行に自信ができたのである。

一月三十一日という日は、今年は旧暦の正月七日にあたり、ちょうど、若菜摘みにゆかりのある良いお日柄であった。しかし何と言っても寒中のことで、晴れてはいたが、まともに吹き付ける冬の風に、一同縮み上がって、はじめは生気がなく、中にはブツブツ言う者もある始末であった。病院の付近は田圃とその中に新しくできた団地が多いのだが、まず田圃の中を流れる溝の縁に繁っているセリから採集が始まる。セリによく似たキツネノボタン、それも水際のものはいかにも瑞々しく大きく育っているが、畦道のかたい土に生えたものは、別物のように細くて骨ばっている。そんなことを実物について教えてもらう内に、皆寒さも忘れてだんだん熱心になってきた。

患者の内には農家出身の人達も多いので、シブクサ、チチグサなど牛や馬の飼料にするものはよく知っている。どちらも方言だが、シブクサはギシギシ、チチグサはハルノノゲシのことである。

冬の風を避けるように田圃の中や路傍に平たく地に張り付いている植物もたくさんある。一見よく似ているのだが、木村先生はそれぞれ区別して丁寧に教えてくれる。オニタビラコ、オオアレチノギク、ミミナグサ、ホウコグサ、キュウリグサ、それにナズナなどもそうである。

団地を離れて旧道に入り込み、家並が切れるとちょっとした墓場がある。墓場もよい採集場である。青い実の、子供が玩具にして遊ぶリュウノヒゲ、このあたりではテッポウグサとかジョイノミとか呼ぶそうだ。そんな名は患者の方が教えてくれる。墓石の傍らに少し伸び始めたカワラマツバ、ヤエムグラ、近くの木にからみついて赤い実をつけているツルウメモドキ。特に目を引くのは、この寒さの中で青々とした長い葉を叢生しているヒガンバナだ。茎だけが長く伸びて、その頂にあの火のような花をつけるヒガンバナが、花の過ぎた今頃こんな立派な葉をたくさん出すということは初めて知った。

カタバミは冬の寒さに葉を閉じて眠っていた。このあたりではスイスイグサというらしい。木村先生はこの草で銅貨を磨くとよく光るという話をした。学校の子供達がそんなことをして遊ぶのだろう。

この採集会はなかなか好評だったが、学年末が近づいて入学試験や卒業などで、先生は学校の行事に追われ、それに病院の方も忙しかったりして、この彼岸の入りまで再開の機会がなかったのである。しかし、もう春だと思うと猶予しておられず、忙しい木村先生に無理に時間を割いてもらって第二回の採集会を行った。

前回と違って、もう畑仕事にかかっている人達の姿があちらこちらに見え、ぞろぞろ歩いてくる異様な集団をいぶかしげに眺めている。この集団は新聞紙を持ったり、ビニール袋を提げたり、あるいは移植鏝を手にしてボツボツ採集を始める。植物の方は前回に比べると葉も茎も大きくなり、花をつけたものも多いので、採集も忙しい。

ミミナグサは地に張り付いたロゼット型から立ち上がって、鼠の耳のような毛深い葉をたくさんつけているし、ヤエムグラも独特の放射状の葉をつけて群がり立ちはじめた。冬の間も道端に一握りの緑色を見せていたスズメノカタビラは鮮緑色の葉の間から白い穂を出し、先日まで針のような細い葉だけだったスズメノテッポウ（フデクサとも呼んでいる）が、今は槍の先に似た長い穂を簇出している。白い花をつけたナズナ、ハコベ、ウシハコベ、黄色い花をつけたノボロギク。

ようやく地上に姿をあらわしたばかりで、もちろん花はつけていないが、小形で可愛らしいのはサクラソウ科のコナスビ、タデ科のミゾソバなどである。ミゾソバはその戟形《ほこがた》の葉が牛の面に似ているというのでウシノヒタイなどともいう。牧野氏の丑年の年賀状にはこの葉を描いたものがある。

秋に紫色の花をつけるはずのヨメナはまだ若くて、白く長い地下茎から芽を出し始めたところだ。

田圃一面に白い花をつけて群がっているのはタネツケバナ。苗代を作る前、種籾を水に漬ける頃、花が盛りになるというので、この名が付けられたのだそうだが、ナズナに似た小さな十字花が、長角と呼ばれる細長い紫褐色の実と美しい対照をなしている。

春のさきがけのかような小さな花の内で、一番目を惹くのは、やはり、冒頭に書いたオオイヌノフグリらしく、皆喜んで採集している。日本語の名前は犬の陰嚢であまり感心できないが、学名はVeronica persica, Poir.で、この頃葉を叢出し始めたカワチシャなどと同じくゴマノハグサ科の植物で、属も同じヴェロニカである。

このヴェロニカという名は、かつて倉敷の大原美術館で行われたルオー展で見た画像を思い出させる。その絵は強烈な色彩を持ったルオーの他の絵と少し趣を異にして、緑色がかった聖女の顔は、憂愁を含みながらもいかにも物静かで、強く印象に残った。ヴェロニカというのは、十字架に架けられるために刑場に引かれるイエスの苦悩の涙を見て、自分の手巾でそれを拭った乙女である。後にその手巾にキリストの姿が写し出されるという奇跡が現れて、聖女に列せられたと伝えられる。

オオイヌノフグリは帰化植物の一つで、一八七〇年頃に日本に来たものらしい。今でこそ日本全国至る所にあるが、一八八四年頃、これとよく似たタチイヌノフグリが東京丸ノ内の永楽町の土手に生えていると教えられて、青年時代の牧野氏はわざわざ採りに行って、標本を作ったが、オオイヌノフグリはそれよりもさらに稀だったと書いてある。余程珍しかったものとみえる。

花月記　五月

　牧野富太郎氏の東京練馬の旧邸の大部分を開放して造られた牧野記念庭園のことは、前にも一度書いたことがあるが、その庭園内の質素な記念館の入り口に、スエコザサの一叢を前にして黒大理石の碑がある。碑のおもてには「花在ればこそ吾れも在り」と牧野氏自筆の文字が刻まれているが、その傍らに奇妙な絵が彫ってある。一見昔の帆船か何かのように見えるが、これは珍植物ヤッコソウを描いたものである。

　一九〇七年二月発行の『植物学雑誌』に、牧野氏は「奇植物ノ発見」という一文を載せた。抄記してみると、

「山本一君、土佐国幡多郡の地に於いて、一の珍奇なる寄生植物を発見せらる。理学士草野俊助君、たずさえて京に帰らる。予これを親検するの栄を草野君に得て、今これを精査しつつあり。遠からずその委曲を本誌上にて報道するの機会あらん。

全草高さわずかに三センチメートルに過ぎずして、或る樹木の根に寄生し、以て直立す。一茎一花、茎は鱗片をもってこれを覆い、茎頂一の大子房を戴けり。子房室数室に区分せられ、細子多し。このもの雌本にして、雄本は別にこれあらんも、予は未だこれを見ず。即ち雌雄異株の植物なり。本品蓋し「ラフレシア」科の一品なり。たとえその体小なりといえども、彼の巨大の花を有せる「ラフレシア」を含みたる本科の一植物を本邦「フロラ」に加うるを得しは、豈に、愉快を感ぜざらんや。近年種々珍奇の植物を出す、実に我日本国は植物の宝庫なり。」

とあるのだが、この奇植物がヤッコソウである。一九〇六年、これが発見された当時は、なお材料が十分でなく、上記のような予報をしたのみであったが、その後発見者の山本氏が「労をいとわず、幾里の途を遠しとせず」産地を捜索して、生体多数を採集し、また

ヤッコソウ

写真・記事を寄せたので、詳しく検索することができて、一九〇九年、新種新属の植物であることを確定し、新たにヤッコソウという和名を付し、またラテン名は山本氏の名を記念して Mitrastemon Yamamotoi, MAKINO. と名付けた。この山本一氏は高知県の土佐中村第二中学校の先生であったそうだ。

ヤッコソウは非常に変わった形の寄生植物で、シイの樹（スダジイ）の根に群れをなして生じ、山本氏の書簡によると「幹を中心として径約六尺の圏内は即ちその寄生区域にして……或いは簇生し或いは点生する状あたかも春季郊外の土筆《つくし》を見るが如し」とある。全草白色で、高さ五～七センチ、花が蜜を分泌するのでメジロなどが集まってくる。即ち鳥媒花である。根茎は短い円形で、表面は荒くざらつき、葉は退化して鱗片状になり、十字形に数片対生、卵形で辺は内側に巻き、上部に行くにつれて鱗片が大型となるが、その頂の一対を〝奴《やっこ》〟の袖に見立てて、ヤッコソウの名が付けられた。

花は晩秋十一月頃茎の先に一個つき、両性花（予報に雌雄異株としたのは誤りであった）で白色、上に向き、花被は筒形に癒合し、質厚く、雄しべは帽子状で、花糸が一個の筒になって、子房を囲み、長さ四〜五ミリの葯があり、その表面に花粉を出す。子房は卵球形で大きく短く、柱頭は半球形に肥大してやや二裂する。果実は液果状、種は微細。

牧野氏は、この植物が新種新属であるのみならず、新しい科を立てるべきだと考えて、ヤッコソウ科という新科を作ったが、現在では最初の意見の通り、ラフレシアと同科の植物とされているようだ。

このヤッコソウという命名は、牧野氏会心のものであったらしく、

奴草その名が好いと三好褒め

という変わった自賛の句があるが、それについて『我が思ひ出』の中に次のような一節がある。

「私が、ヤッコサウ（Mitrastemon Yamamotoi *Makino*）の名を附けた時に、其れは、極めて好い名で在ると、褒めて呉れた人は、大学、植物学教室の教授、三好学博士であつた。其の後、三好氏が九州、鹿児島に、旅行せられた時に、雨に遭ひ湿つた服で帰京せられ、不幸にも、間も無く、肺炎を発し、惜しくも、本郷区、西片町、十番地

の自宅で没したのは、洵とに、遺憾千万で在った。」

ヤッコソウが初めて見出された高知県幡多郡清水町（現土佐清水市）は、高知の最南部で、近頃頓《とみ》に有名になった足摺岬の根元にある。このあたりは年間平均気温十六度、降雨量三千百ミリ、一月でさえも平均気温八度で、四月に入れば夏が訪れるという土地柄、動植物の種類が極めて豊富で、植物の種類は千三百を越えると言われ、ビロウ、シイ、クロマツ、タブ、ツバキ、タチバナ、フヨウ、リュウビンタイなどが自生繁茂している。ヤッコソウは、この地区の土佐清水の加久見及び白皇山、月灘、三原等の土地で発見されており、また土佐湾を抱いて東に足摺岬と相対する室戸岬でも、四国八十八箇所の霊地最御埼寺《ほつみさきじ》及び金剛頂寺《こんごうちょうじ》の境内に産することが知られている。

一九三四年の晩秋の頃、徳島県の南の端に近い奥浦の、いつも子供の遊び場になっている明現《みょうげん》神社の境内で、椎の実を拾っていた子供の中で、小学校六年の少年坪井君が、椎の根元に生えている変なものを見つけた。珍しい植物だと言うので、学校の斡旋で牧野氏に鑑定してもらい、これがヤッコソウであることが分かった。分かってみると、この奇植物はそのあたりに諸所に生えていたのである。現在でも神社の境内に三ヵ所の発生区域がある。徳島県海部《かいふ》郡海部町奥浦（鞆奥付近）の明現山は北緯三三度三五分、ここが現在までヤッコソウ自生の世界における北限地となっている。高知県の室戸から、この海部町までの間の四国の東海岸沿いに、宍喰《ししくい》ほか幾箇所かのヤッコソウの自生地も知られている。

四国以外では暖国南九州の宮崎、鹿児島にも生じ、特に鹿児島県では、早く一八八二年に当時博物局にいた田代安定氏が大隅でこの植物を見ており、一八八四年に著した『鹿児島県柑橘図』という書物の中にその写生図を描いて、名はつけず「未詳寄生」とのみ書いてあることが分かった。牧野氏は田代氏がヤッコソウの最初の発見者であることを特筆し、山本一氏の功に報いることはできたが、田代氏の名誉を伝える命名のできなかったことを残念がっている。

九州からさらに南では琉球で発見され、また台湾ではタイワンヤッコソウ、ヒシガタヤッコソウの二変種がある。さらに熱帯のボルネオ、メキシコにも産することが分かった。

（牧野記念園、高知牧野植物園、徳島博物館、及び徳島県教育委員会、海部町教育委

員会の関係者の方々からそれぞれ懇篤な御教示を得たことを感謝する。)

カーネーション

五月十二日。一ヵ月も早い梅雨型の前線が日本列島の上に低迷して、ここ一週間ほど降り続いた雨が、今日は少し晴れ間を見せたが、まだ雲が暗い。五月の第二日曜日、母の日である。母の日にカーネーションを胸につける習慣は、アメリカ、ウエスト・ヴァージニアの山麓の街ウェブスターの敬虔な女性アンナ・ジャーヴィスが、亡き母の追悼祈祷会にこの花の一箱を捧げたのが始まりだと言うが、一九〇七年に始められたこの行事は、一九一四年には全世界に広がっていた。そして我が国でも、「赤い花は母の健康を祈り、白い花を亡き母の思い出に」ということの行事が、年毎に盛んに行われている。

なぜこの花が母に捧げられたのか、その理由は詳かにしないが、もともとカーネーションは、西洋文明の揺籃時代から神聖な花とされていたらしく、その学名であるDianthusはギリシャ語のDios(神)とAnthos(花)を組み合わせてできたものである。この思想はキリスト教時代に入っても受け継がれたらしく、中世以降に於いても、この花は教会の花とされていた。

元来カーネーションは南ヨーロッパの原産で、ギリシャでは早くから栽培されていたが、これがヨーロッパ各地に広がったのはノルマン民族の活躍と深い関係がある。史上に名高いヨーロッパの民族大移動というのは、ご承知の通り、四世紀のフン族のヨーロッパ侵入を契機として、中央ヨーロッパの暗い森林地帯を彷徨していたゲルマン諸民族がその故地を追われて、ヨーロッパの南と西に広がる明るい平野を目指して大挙して移動し、そこで東西ローマ帝国との間に抗争軋轢を繰り返し、ゲルマン族の諸王国を打ち立てたが、やがてはキリスト教文化の中に融合されて、中世ヨーロッパの基礎を作り上げた事実を指す。その後になっても、ヨーロッパ諸族の間にはいろいろな形で移動侵略が行われている。

その中でも、初期の民族移動に取り残されて、スカンジナビア及びデンマーク地方にいたゲルマンの一部族が、優れた航海技術と精悍な資質に恵まれて、九世紀初めから三世紀の間にわたって、ヨーロッパの北部海岸地帯から、南は地中海沿岸を掠め、次第に内陸地方に侵攻したのが最も著しいもので、これを第二次民族移動と呼ぶ人さえある。この海賊民族が即ちノルマン族で、ノルマンは北から来る人を意味し、中世フランクの人々がこの異民族を指して呼んだ言葉である。彼等自身は自らヴァイキングと称した。入江を意味する彼等の言葉ヴィクから出たもので、つまり入江の人である。

彼等はその名の通り、北ヨーロッパのフィヨルド（峡湾）を根拠地として、全ヨーロッパを馳駆した。デンマークを故郷とする一部族デーン人は、まずイギリスを侵略し、アイルランドを掌中に収めていたし、またノールウェーから出てフランク王国の北辺に侵入して、セーヌ河下流及びロアール河口地帯を手に入れた一族は、酋長ロロを戴いてノルマンディ公国を建てた。現在フランスの西北部にあってノルマンディ地方と呼ばれる辺である。この地方に定着したノルマン人は、さらに南下して地中海方面にも出没したが、特にキリスト教文化の浸透と共に、南イタリアの聖地を慕って、次第にこの方面に進出定住するものが多くなり、十一世紀の後半にはサラセン人を逐って、南イタリア及びシシリーを併せ統治するシチリア王国を築いた。

一方では、同じ頃ノルマンディ公ギョーム（英語ではウイリアム）が、イングランドの王位継承権を主張してイギリスに侵入し、一〇六六年、ヘースチングの戦いでイギリス王室軍を撃破し、アングロサクソン系の王エドワード三世の後を継いだハロルドを殺して王位に就き、ノルマン王朝を始めた。歴史上有名なノルマンのイングランド征服である。

カーネーションはこのノルマン人に愛され、ノルマンの果敢な移動に常に伴われて地中海岸からヨーロッパにもたらされ、中部ヨーロッパに広がり、次いでイギリスにも入ったという次第である。

この時代のカーネーションは現在のようなたくさんの園芸品種があったわけではなく、肉色単弁のものばかりで、カーネーションという名称もラテン語の肉（Carro Carnis）が語源だと言われるくらいである。種々の園芸品が作られ観賞されるようになったのは、遥かに下って十六世紀に入ってからと言われ、当時桃色、赤、白の品種が作り出されたというが、ルイ十四世時代になると既にたくさんの栽培品種があり、ヴェルサイユ宮殿の庭園には三百種以上のカーネーションが集められていたという話だ。
金髪白皙《はくせき》、丈高く、死後の再生を信じて怖れを知らぬ、この北方の海賊達が、優美なカーネーションの運搬者であったというのは、いかにも面白い取り合わせではないか。

日本では徳川時代の正保から寛文の間に渡来したと言われるが、これは十七世紀の半ばで、徳川家光から家綱の時代、由井正雪の乱や振袖火事の頃に当たり、西洋で言えばフランスの太陽王ルイ十四世の治世の始まり頃に相当する。はじめアンジャベルという名で呼ばれていたが、これはオランダ語の Anejelier が訛ったのだそうだ。植木屋言葉ではさらにこれを略してアンジャと呼んだということだ。オランダセキチクとかオランダナデシコという名も用いられた。

カーネーションは誰が見ても分かるようにセキチクやナデシコと極く近縁のものである。いずれも円筒形で先端五裂した萼があり、萼の下には数辺の小苞がある。花びらは五片、雄しべは五、花柱は二。しかし非常に多くの園芸品があり、間種がある。

花びらの多い温室カーネーションの花を崩して見ると、その花びらの中には萼に似た帯緑色小型のものがあったり、明らかに雄しべから変化したと思われるように花弁の下部の花爪と言われる細い部分が全く花糸と同様なもの、一部に花糸の遺残と思われるものを付着したものなどいろいろある。花柱もまた必ずしも二個ではない。とにかく、植物の花が葉から変わってきて、雄ずいや雌しべや花弁がお互いに移行するものだ、ということが如実に分かる。そうかといって、そんな変化が全く出鱈目に起こるものではないらしい。八重咲きのカーネーションでは外側の花弁は五枚が各々二つに分かれて十枚。五本ずつ二列になっている十雄しべの外側の五本は五の倍数の十、十五、二十、二五等の花弁になり、内側の五本は不規則に花弁に変化することがある。

虞美人草

五月二十六日夜。久し振りの晴天である。空一面薄いヴェールのような雲があるが、明るい星はその雲の帳を通して光っている。夏を目前にして、早く麦刈りをしなければと教える赤い麦星が頭の上にある。牛飼座の一等星アークトゥルスである。それから少し南に下って真珠色に輝いているのが乙女座の主星スピカである。この乙女座というのはプトレマイオスの昔から、手に麦の穂を持った女神の姿で表されているが、これはギリシャの五穀豊饒の女神デーメーテールを象《かたど》ったものだという。日本でいえば豊受大神《とようけのおおかみ》か大宜都姫神《おおげつひめがみ》に当たる神であろう。ローマではケレスという女神がこのデーメーテールと同じものと考えられていた。ケレスの祭りは春の半ばに行われ、この日は競馬と競狐があって大変賑やかであった。競狐というのは狐の尻尾に炬火《たいまつ》をくくりつけて走らせるのだそうだ。変わった競技である。このケレスの像には麦とヒナゲシとを環にして飾るのが常であった。ヒナゲシは殊更に栽培されなくても、しばしば麦畑の間に生え、麦の黄色くなる頃花をつけるので、特に麦と密接に関係あるものとされ、その穂を手にする〝実りの女神〟にも捧げられたものであろう。英語ではCorn Poppy（穀物のケシ）といわれるのもそのためであろう。

ギリシャ神話にもデーメーテールとヒナゲシの関係を示す話がある。デーメーテールの愛娘のコレーが牧場でヒナゲシの花を摘んでいる時に、かねてからコレーに想いをかけていたゼウス神の兄ハーデスがこれをさらって行ってしまった。デーメーテールは娘の行方を探して九日九夜、全く飲まず食わずで探したが分からなかった。豊饒の女神は遂に怒って、木の実の生ることも、草の生い茂ることも許さなかったので人間は餓死しそうになった。ゼウスはやむをえず妥協して、一年の内九ヵ月はコレーがデーメーテールの所で暮らし、三ヵ月間はハーデスと共に過ごすこととした。ハーデスは冥府の王である。そして真紅のヒナゲシは死と復活の象徴だというのである。

ヒナゲシを虞美人草と呼ぶのは、暴虐な秦を攻め滅ぼした楚の項羽が、漢の劉邦と戦って垓下の一戦に破れ、有名な「力は山を抜き、気は世を蓋《おお》う、時に利あらず、騅《すい》ゆかず……」と唱って寵姫虞美人と別れを惜しんで自刎し、虞姫もまた死んだが、後にその血潮の滴りの中から赤い花が咲き出した。それが虞美人草だというのであるが、これも死と復活という点でギリシャの古い物語と符節を合するように思われる。

病院の花壇の間に、切れ込みの深い妙な葉を持つ植物の一株があった。何か分からないけれど抜き捨てもせずにおいた所、大きく繁って、やがて特有な頸を曲げた蕾をつけた。ヒナゲシだったのである。いくつかの蕾が、やがて二つに割れた萼の間から紅色の花弁を見せ、可憐な花を開いたが、その内に悉《ことごと》く崩れ落ちるように散っていった。あの花びらの散りしく姿が死を連想させるのであろうか。夏目漱石も彼の処女長編小説『虞美人草』の中で傲《おご》れる女性の死を描いた。その終わりの一節を写してこの稿を終わろうと思う。
「春に誇るものは悉《ことごと》く亡《ほろ》ぶ。我《が》の女は虚栄の毒を仰いで斃《たお》れた。（中略）
逆《さか》に立てたのは二枚折の銀屏《ぎんびょう》である。一面に冴《さ》え返る月の色の方六尺のなかに、会《え》釈《しゃく》もなく緑青《ろくしょう》を使って、柔婉《なよやか》なる茎を乱るるばかりに描《かい》た。不規則にぎざぎざを畳む鋸《のこぎり》葉《ば》を描いた。緑青の尽きる茎の頭には薄い弁《はなびら》を掌《てのひら》程の大《おお》きさに描た。茎を弾《はじ》けば、ひらひらと落つるばかりに軽く描た。吉野紙を縮まして幾《いく》重《え》の襞《ひだ》を、絞りに畳み込んだ様に描いた。色は赤に描いた。紫に描いた。凡《すべ》てが銀《しろかね》の中から生《は》える。銀の中に咲く。落つるも銀の中と思わせる程に描いた。――花は虞《ぐ》美《び》人《じん》草《そう》である。落款《らっかん》は抱一《ほういつ》である。」

花月記　六月

ツキミソウ

牧野富太郎氏の名を最初に知ったのは、私が中学生の頃であった。今、日本宇宙旅行協会の会長になって、火星の土地の分譲の世話などをしている原田三夫氏は、既に大正時代から、当時はまだ異例、むしろ異端とさえされていた、科学の普及・大衆化・通俗化を終生の事業として、いろいろな著述をしたり、雑誌の発行をしたりしていたが、その関係していた科学知識普及会の『科学知識』という雑誌の編集方針にあきたらず、自分で主宰する『科学画報』という雑誌の発行を決心し、これを誠文堂新光社から出すことになった。それが東京の大震災の年であったから、その創刊号を見て、いかにも新鮮で、その上どの頁からも感じられる原田氏の息吹に魅せられたものである。表紙には、科学画報という題字の上に、エスペラント語でLA SCIENCA

GRAFIKAJOなどと書いてあったのも目新しかった。

その『科学画報』に牧野富太郎氏の文章が掲載された。原田主筆は別に筆をとって、執筆者牧野氏を紹介し、その驚くべき学問の深さと、節を屈せぬ人となりとを伝えた。私は小学校上級の時受け持ってもらった先生が牧野という姓で、非常に可愛がられたので、この名だけでも親愛の気持ちを抱いたが、その上原田氏の情熱をこめた紹介の辞を読んで、牧野氏に傾倒することになった。

牧野氏の文は〝植物のコスモポリタン〟という題であった。コスモポリタンという初めて知った言葉が甚だ印象的であったので、この題も後々まで忘れなかったのである。今、それは一九二三年七月の『科学画報』で、創刊間もない第一巻第四号だったことが分かる。この一文で私は今までツキミソウと呼び慣わしていた花が、実はオオマツヨイグサと呼ばなければならぬ別物であったことを知ったのである。

『牧野日本植物図鑑』のオオマツヨイグサの項を開いてみると、最近ではこの植物をよくツキミソウと呼ぶが、それは間違いで、ツキミソウは白い花を開く別の種類である、と書いてあるが、私も月見草は黄色い花が咲くものと思っていた。しかも私達の子供の頃には、花壇に植えて眺めたものである。どんな経緯でツキミソウとオオマツヨイグサが混同されたかはよく分からないが、同属の植物で白花をつける月見草と、黄花をつける待宵草とは、同じ一八五〇年前後に日本に渡来したが、マツヨイグサの方は強健でよく繁殖し、今では日本全国至る所に野生の姿を見るのに反し、ツキミソウの方は弱くてついに野生化せず、次第に少なくなって近頃ではほとんど見られないようになったものらしい。大正末年頃の一文には「独り白花を開くツキミソウのみが生気が弱く、野生の状態になり得ず、ただ僅かに庭園の一隅に余喘を保つにすぎない有様であるから、そのうち日本国内に跡を絶つに到るかも知れぬ恐れがある」と述べられており、最早この花は優雅な名のみを残して本当にわが国から姿を消してしまったのではないかと思われる。

ツキミソウ

ところで、ツキミソウと誤り呼ばれるオオマツヨイグサは前記のマツヨイグサより も草丈も高く、葉も広く大きい種類だが、これの伝来は少し時代が下って明治初年すなわち一八七〇年頃といわれている。ツキミソウと同じく北米の原産であるが、強壮で鉄道線路の傍から海岸辺にひろく広がっている。

世間の人がツキミソウとオオマツヨイグサを取り違えていることについては手厳しく論難し、例えば展覧会の絵の批評に際して、かぐや姫と題した絵について、第一に雲間に輝く月に対して地上に月見草を配したのはよいが、これは真の月見草でなく俗名の月見草で、本当の名はオオマツヨイグサだから、この場合適当でない。また第二にはオオマツヨイグサにせよツキミソウにせよ、原産地はアメリカ大陸で、日本に来たのは極めて近年のことであって、『竹取物語』の当時には日本になかったものだ……などと述べてあり、まず完膚なきまでにやられている。まして専門家に対しては一層痛烈で、時の大学植物学教室の松村任三教授がこれを混同したことを挙げて辛辣に皮肉っている。学問上当然であるとはいえ、牧野氏は古いところでは本草学の小野蘭山、明治初期の伊藤圭介、初代の植物学教授矢田部良吉、それに松村博士など、諸先輩の過誤を遠慮会釈なしに剔抉《てっけつ》非難したが、その学績の称讃される一方、誹毀《ひき》の声も少なくなかったのは多分にこういうことが関係していたと思われる。
なお、オオマツヨイグサは個体間の変異が多く、進化学説の中でも有力なド・フリースの突然変異説の材料にこの植物が使用されたことは、生物学徒の一度は必ず聞かされる話である。

ツキクサ

万葉植物を集めて自宅の庭に植え込んで楽しみとしているM博士に、ツキクサの読み込まれた歌を尋ねたところ、折り返して教示された。

つき草に衣《ころも》色どりすらめどもうつろふ色といふが苦しさ（万葉集巻七）
朝露に咲きすさびたるつき草の日くたつなべに消《け》ぬべく思ほゆ（同巻十）
朝《あした》咲き夕《ゆうべ》は消《け》ぬるつき草の消ぬべき恋も吾はするかも（同巻十）

まだ他にも何首かあるらしい。つき草は月草とも書くが本当は着き草で、衣を摺り染めにするのに使うので、この名がついたということである。現代の名はツユクサである。藍色の可憐な花で、秋の野の代表的な花であるが、燃えるような夏の日、草いきれのする繁みの間にふとこの花を見つけることがあって、暑熱の中に秋の涼味が一点こぼれてきたように感じられ、まことになつかしいものである。

なつかしや　あかのまんまも　つゆ草も　　鏡花

泉鏡花は一九三九年九月七日、この句を残して亡くなった。生前小さな花を愛した鏡花にいかにも似つかわしい。

月桂樹

私がまだ幼い頃、私の父はときどきお経を唱えていたようである。その当時、私の家には神棚はあったが、仏壇はなかった。父は二男で、分家して一家を創ったから、祭るべき先祖はなく、従って仏壇もなかったというわけだが、そうするとどこでお経をあげたものだろうか。その辺のところはよく分からないが、父が口ずさむ経文の中の一句を子供達は聞きおぼえていた。「なむからたんのーとらやーやー」というのである。何でそれを覚えたのかよく分からない。多分お経の中に虎が出てきて、しかもそのあとがヤアヤアと来るから面白くてたまらなかったのだろう。

母が死んだのは一九二〇年の六月、梅雨の時期であったが、父は出征中で不在、たよりになる大人はなくて、ただ無暗に大勢の親類の者が入れ替わり立ち替わりして、夜もその辺に泊り込んでいる有様で、子供心に自分の家までなくなってしまったような寂しさを感じていたのだが、毎日決まった時刻に坊さんが来てお経をあげるのが、妙に楽しくたのもしく思われたものである。そのお経の中に、やはり「とらやーやー」が出てくる。本物の坊さんの本物の読経でもわれわれの知っている文句が出るというのは妙に滑稽であったが、またそんな子供でも知っている文句を、真面目くさって唱えているこの若い坊さんに、いよいよ親しみを感じさせることにもなったようだ。

この若い坊さんの上にお師僧さんがあった。もう大変な年で、背は五尺あるかなしの小兵で、肉はすっかり落ち、全く枯れ枝のような和尚さんであったが、ひどく驚いたことがあった。母の葬式の時のことである。広い寺の本堂に坐らせられ、長い儀式の一部始終を見たのだが、何回か繰り返されたたくさんの坊さん達のお経の斉唱がすみ、儀式が終わりに近づいたと思われた時、その小さな一つかみほどの和尚さんが、金襴の衣に、頭にはこれもキラキラする帽子のようなものをつけ、手には白い長い毛の払子《ほっす》をたずさえて、静かに中央丹塗りの中国式の椅子に坐ると、低い声で偈《げ》を頌《しょう》した。何か全く意味は分からないが、低い重々しい声が、今までの賑やかな斉唱に代わって広い堂内を流れている。突然、本堂全体をゆるがして大喝が響き渡った。しかも和尚さんは水のようにすまして静かに坐っている。引導を渡したわけである。全くこの時ほどびっくりしたことは、あまりない。母があの一喝でこの世から幽界に飛び込んでしまったのだろうと思うと気の毒であったが、あの小さく痩せ衰えた老人の身体から、あんな途方もない声が出るというのは、全く驚異であった。その後幾度も葬式に列席したが、あんな堂々とした引導は二度と聞いたことがない。この老僧はこの時も既に大分健康をそこねていたようだが、母の葬式の後二ヵ月ほどで遷化した。百日の回向を頼みに子供の私が使いに立って行った時、寺の門に山門不幸と大書してあったのを覚えている。東海華岳和上という名僧であったそうだ。

この寺の名が月桂寺であった。後になって、そのあたりがだんだんひらけて、寺の前をバスが通るようになった時、ここにも停留所ができたが、若い女の車掌は、「ゲッケイジマエ」と呼ぶのを厭がるので困ったという話であったが、旧東京市内でも名の通った名刹だったようである。確か、乃木大将もこの寺に参禅したと聞いたが、そうすればあの小さな華岳老師の棒を喰らったのだろうと思う。

月桂が寺の名になったのは、もと仏典にでも出所があるのであろうか。月桂とは中国産の何かの植物ではあろうが得体が知れないと牧野氏は書いている。

月桂樹はしかし得体の知れない木ではない。地中海沿岸に産するクスノキ科の喬木で、高さ九メートルから二十メートルにも達する。ローレルとかペイといわれ、葉は香料になり、ソースに香りをつけるのに使ったり、菓子に入れたりする。

戦勝の表象とされるこの欧州産の樹木が月桂の名で呼ばれるようになったのは、一八五〇年頃できた英華字典がLaurelにこの訳名を当てたのが初めてだということで、今われわれは月桂というのはローレルのことだと信じて疑わないようになっている。万葉植物にツキヌチノカツラというのがあって、これは文字通り月桂になるが、考証ではキンモクセイのことだと言っている。

月桂樹はフランスでLaurier d' Apollonと言われるように、ギリシャ神話のアポロンはゼウスの息子で日の神として崇拝され、また、音楽・詩歌・哲学・天文・数学・医術・科学の守護者として、調和と節度を象徴する神とされた。しかし、神話の世界では、この神にも、激しい殺戮や、奔放な恋愛が、色とりどりに物語られている。

アポロンが川の神ペネイオスの娘で山の神に仕える美しいニンフのダフネを見初めて、たまらなく好きになり、近づいて思いを打ち明けようとしたが、ダフネはあとをも振り向かず逃げ出した。あとを追いかけたアポロンが、ダフネを追いつめて川の堤にかけ上った時、ダフネは「早く私を隠して」と父なるペネイオスを呼んだ。見る間に乙女の手足は堅い枝に変わり、ついに全身は一本の樹となってしまった。アポロンは嘆き悲しんでその枝を抱いて、「私はお前を決して忘れない。そしていつもお前の枝で作った冠をつけることにしよう。お前の色褪せぬ葉の緑は、いつまでも私の若さを失わせないだろう」と言った。この木が月桂樹で、それからこの樹はアポロンの神木となったのである。アポロンはオリンピアの祭典を主宰したから、その勝利者にもその枝で作った冠が贈られるようになった。月桂樹の緑はアポロンの言葉のように若さのシンボルであるが、アポロン自身〝若さ〟の神であり、永遠に変わらぬ青年神なのである。

昔ギリシャでは、神託をする巫女は、神がかりとなるために、炭火の上で大麦と麻と月桂樹をいぶし、これから立ちのぼる香り高い麻酔性の煙を嗅いで、朦朧状態となり、神告を伝えたということであるから、託宣神アポロンと月桂樹が結びついたのも故なきことではない。

月桂樹が日本に渡来したのは、一九〇五年（明治三十八年）で、ロシアと戦った明治の大戦の戦勝の年であった。

あとがき

「花月記」という題で『大塚薬報』誌上に書き続けてちょうど一年になる。最終回は標題に因んでツキにゆかりの植物を挙げてみたが、もともと花月記という題は、花と月を意味したわけではない。花のことを書き綴る花日記なのだが、月に一度しか出ないから、花月記《はなげっき》と呼んだまでのことである。

この小文がとにかく一年間続いたのはいろいろな方の援助があったからである。まず、はじめちょっとした思いつきに過ぎなかったものを、こんな形に企画された編集長のアイデアであった。また写真や資料の入手に努力していただいた編集部全体の協力も大きかった。

次に私自身、これを書き続ける勇気を与えられたのは、牧野先生に直接関係のある方々に次第にお会いすることができ、いろいろお話を聞くことができたからである。東京の牧野記念庭園でお会いして以来、絶えず通信を寄せて激励してくださる秋山恭徳氏、高知の牧野植物園の武井近三郎氏、このお二人から教えていただいたことは非常に多い。また牧野先生の二女牧野鶴代さんにお会いして伺った話は、さすが肉親であるだけに、牧野先生を非常に身近に親しく感じさせるようになった。

ところで、そういう方々にお会いできる最初のきっかけとなったのは、昨年（一九六二年）秋、上野の科学博物館に立ち寄って牧野先生の墓所と標品館の所在地を尋ねたのに始まる。実は、博物館で牧野先生のことを尋ねて相手にされるだろうかという一抹の不安があった。それで、はじめ館内に入ったものの、一応各室を順路に従って歩き、いろいろな標本を眺めながら、決心のつくのを待った。それから案内係のもとに行って趣旨を話したのだが、なかなか話がうまく通じない。表の案内所から、中の廊下の所に机を置いている人の所に行かされ、漸く教えられたのが、植物研究室であった。そしてそこには思いがけず女性の研究員がおられ、こちらで考えていた以上に詳しく――電車やバスの乗換えや停留所までことこまかに教えていただいたのである。この女性からいただいた手紙の中の歌の一つを最後に揚げて、この小文の結びを飾らせていただこう。

陽の昏き川の水上溯り
今日よすがありうつぎ白花

編者あとがき

本書は大塚製薬（株）の月刊PR誌に一九六二年から一年間連載されたものの書籍化である。その雑誌がその年の十一月と十二月は合併号となったため十一回で一年分である。

精神科医であった著者（私の父）は、一九四九年から徳島県鳴門市の病院に勤務し、仕事柄同市内に本社のあった大塚製薬と係わりがあって同社発行の雑誌に随筆などを度々寄稿するようになり、後にこの「花月記」の連載へとつながったのである。植物に興味を持っていた父は牧野富太郎博士に傾倒していて、道端や山野に咲く草花にも心を寄せていたので、最近ＮＨＫで牧野博士をテーマにした連続ドラマが放映されたのを機に一冊にまとめて書籍化することにした。

一九五九年に徳島市内に新たに精神科病院を設立して院長を務め、同院の建物の一部を住居として家族と共に住んだ。本書中随所に登場する「病院」がこれである。

本書の「ポプラ」の説明に関連して北海道開拓について妙に熱っぽく語っていることにお気づきであろうか。父は北海道に強い思い入れがあったようである。実際に晩年は北海道に移住し、現地の病院に勤務したが、ここが終焉の地となった。現職での急逝であった。遺体は、本人の若い頃からの希望に沿い、献体されて医学標本となり、いまは既にその役目を終えて札幌医科大学の慰霊施設に眠っている。

葬儀の場で病院職員の方から寄せられた献歌一首。

死してなお医学に捧ぐ国手君の遺志聞きしとき雨音高し

二〇二三年十一月十七日　父の命日に

西川　孚

初出一覧

花月記七月（『大塚薬報』１９６２年8月）／花月記八月（『大塚薬報』１９６２年9月）／花月記九月（『大塚薬報』１９６２年10月）／花月記十月（『大塚薬報』１９６２年11・12月）／花月記十二月（『大塚薬報』１９６３年1月）／花月記一月（『大塚薬報』１９６３年2月）／花月記二月（『大塚薬報』１９６３年3月）／花月記三月（『大塚薬報』１９６３年4月）／花月記四月（『大塚薬報』１９６３年5月）／花月記五月（『大塚薬報』１９６３年6月）／花月記六月（『大塚薬報』１９６３年7月）

参考文献

『花物語　続植物記』牧野富太郎　ちくま学芸文庫　筑摩書房
『海南小記』柳田国男　角川ソフィア文庫　角川学芸出版
『我が思ひ出　牧野富太郎〈遺稿〉』牧野富太郎　北隆館
『植物一日一題』牧野富太郎　ちくま学芸文庫　筑摩書房
『牧野富太郎自叙伝』牧野富太郎　講談社学術文庫　講談社
『柳田國男全集10』柳田國男　ちくま文庫　筑摩書房
『虞美人草』夏目漱石　新潮文庫　新潮社
『牧野日本植物図鑑』インターネット版

著者プロフィール

西川 修（にしかわ おさむ）

1909年（明治42年）生。九州帝国大学医学部卒、精神科医。四国、九州、北海道各地で病院勤務。医務の傍ら文筆を趣味とし各種雑誌に寄稿。1976年没。

著書：遺稿集「北の旅人」（1988年、非売品）

1940年、大分県での植物採取会での（前列右）牧野富太郎博士、（左端）筆者。

植物随想　花月記《はなげっき》

2024年３月15日　初版第１刷発行

著　者　西川 修
発行者　瓜谷 綱延
発行所　株式会社文芸社
〒160-0022　東京都新宿区新宿1－10－1
電話　03-5369-3060（代表）
03-5369-2299（販売）

印刷所　株式会社フクイン

ISBN978-4-286-25108-0